국가건설기준
KDS 11 80 10 : 2021

보강토옹벽
해설

국가건설기준

KDS 11 80 10 : 2021

보강토옹벽
해설

사단
법인 **한국지반신소재학회**
KOREAN GEOSYNTHETICS SOCIETY

씨
아이
알

권두언

　(사)한국지반신소재학회는 2001년 (사)한국토목섬유학회라는 명칭으로 창립되었으며, 2017년 학회의 국내외적 위상을 고려하여 지금의 명칭으로 변경하였습니다. 그동안 소속 전문가들의 열정적인 노력으로 괄목할 만한 산·학·연 업적을 축적하면서 22년의 역사를 가진 명실상부한 전문학회로 성장해 왔습니다. 특히, (사)한국지반신소재학회는 창립 이후부터 현재까지 지반신소재의 하나인 토목섬유를 활용한 '보강토옹벽'에 대한 재료·설계·시공·평가의 전 주기에 관한 연구 성과를 축적해 왔으며, 전문 학술 및 교육 행사, 국토교통부의 보강토옹벽 잠정지침 개정, 국가 발주기관에 대한 의견 개진, 설계/시공 방법의 교육, 해석 프로그램의 검증 등 전문성을 바탕으로 한 다양한 사회적 역할을 수행하며 전문학회로서의 역량을 입증해 왔습니다.

　현재 국내에서는 다양한 건설공사에 있어서 보강토옹벽의 적용이 급격히 늘어나고 있음에도 불구하고 아직 관련 법규 및 기준 정립이 미진한 상태입니다. 따라서 (사)한국지반신소재학회에서는 축적된 능력과 전문성을 바탕으로 관계 기관과의 공조를 통해 보강토옹벽의 건설기준 정립을 완성할 수 있도록 노력하고 있습니다.

　2016년 국가건설기준이 통합된 코드체계로 전환됨에 따라, 보강토옹벽도 '건설공사 비탈면 설계기준'을 근간으로 '구조물 기초설계기준'과 '철도설계기준'의 내용을 반영하여 'KDS 11 80 10 보강토옹벽'으로 새롭게 제정되었습니다. 이후 여러 차례의 개정을 거쳐 2021년에는 '건설공사 보강토 옹벽 설계·시공 및 유지관리 잠정지침(국토해양부, 2013)'의 내용 중, 보강재 장기설계인장강도, 보강재 종류에 따른 안전율, 다단식 보강토옹벽 설계 시 유의사항 등이 추가되었습니다. 그러나 'KDS 11 80 10 : 2021 보강토옹벽'은 기본적인 내용만 선언적으로 제시되어 있어 기준에 대한 해석상의 난해함이 존재하기 때문에 건설기술자들이 설계와 시공에 적용하는 데 어려움이 있습니다.

（사)한국지반신소재학회에서는 보강토옹벽의 설계 및 시공에 참여하는 기술자들의 이해를 돕고 해석상의 이견이 있는 부분을 명확히 하고자, 이번에 'KDS 11 80 10 : 2021 보강토옹벽'에 대한 해설서를 발간하게 되었습니다. 집필진은 본 해설서에 건설기준이 충실히 설명되도록 노력하였으며, 특히 다단식 보강토옹벽에 대한 설계 방법을 제시하였습니다. 그뿐만 아니라 피해 사례가 가장 많은 우각부 및 곡선부에 대한 보완 대책에 대하여 설명하였으며, 실무에서 일반적으로 잘못 적용하고 있는 보강토옹벽 상부에 차량 방호벽이 설치될 경우, 차량충돌하중에 대한 검토 방법을 부록에서 자세히 다루었습니다.

본 해설서가 모든 건설기술자에게 유익한 지식과 실용적인 지침 이해를 제공하길 바라며, 다양한 건설 프로젝트에 참여하는 실무 관계자들에게 큰 도움이 되기를 희망합니다.

2024. 1.
(사)한국지반신소재학회 회장
유승경

Contents

제4장 설 계

부록

CHAPTER 01

일반사항

일반사항

1.1 목적

> (1) 이 기준은 비탈면의 안정성을 유지하고 옹벽 전면과 배면에 공간을 확보하기 위해 설치하는 보강토옹벽에 대한 일반적인 설계기준과 설계방법을 제시하는 것을 목적으로 한다.

해설

성토체 내부에 흙과의 결속력이 우수하고 인장강도가 큰 보강재를 삽입하여 형성된 보강토체는 일체로 작용하여 배면토압에 저항하는 일종의 중력식 옹벽의 역할을 할 수 있으며, 이를 보강토옹벽이라 한다.

일반적으로 보강토옹벽에서 보강재의 인장력 분포는 해설그림 1.1 a)에서와 같이 가상파괴면에서 최대가 되며, 흙과 보강재 사이의 결속력에 의하여 보강재의 선단 및 끝단으로 갈수록 보강재의 인장력은 감소하는 형태를 보인다. 반면 해설그림 1.1 b)에서와 같은 수동저항체를 사용하는 경우에는 전면벽체에 작용하는 토압을 배면의 수동저항체가 모두 부담하므로 이때 보강재의 인장력은 일정하다.

이 기준은 띠형, 그리드형 및 시트형 보강재와 같이 포괄적인 마찰저항방식에 의해 토압에 저항하는 보강토옹벽(해설그림 1.1 a) 참조)의 설계에 적용한다.

해설그림 1.1 b)와 같은 수동저항체를 사용하는 보강토옹벽은 그 거동특성이 다르므로 이 기준을 적용할 수 없고, 별도의 설계방법이 필요하다.

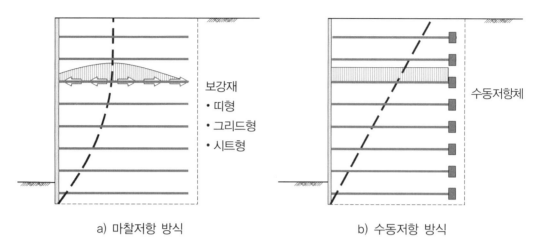

a) 마찰저항 방식　　　　　　　　　　　b) 수동저항 방식

해설그림 1.1 보강토옹벽

1.2 적용범위

(1) 이 기준은 금속성 또는 토목섬유 재질의 보강재를 이용하여 시공하는 보강토옹벽의 설계에 적용한다.

해설

　　보강토옹벽은 금속(스트립(strip), 그리드(grid) 등) 또는 토목섬유(지오텍스타일(geotextile), 지오그리드(geogrid), 띠형 섬유 보강재 등) 보강재의 인장저항력과 주변 흙과의 결속력을 활용하여 수직에 가까운 보강토체를 형성하여 옹벽의 기능을 수행한다.

　　일반적인 보강토옹벽의 구성은 해설그림 1.2와 같으며, 보강토옹벽의 주요 구성요소는 전면벽체, 보강재 및 뒤채움재이다.

　　이 기준은 포괄적인 마찰저항력(마찰력 및 수동지지저항)에 의하여 뒤채움재료에 결속력을 제공하여 일체화된 보강토체를 형성하여 옹벽의 기능을 수행하는 보강토옹벽에 대한 설계에 적용한다.

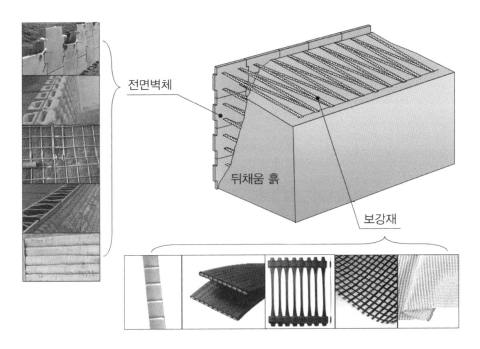

해설그림 1.2 보강토옹벽의 주요 구성요소

1.3 참고 기준

1.3.1 관련 법규

내용 없음

1.3.2 관련 기준

KCS 11 80 10 보강토옹벽

KDS 11 10 10 지반조사

이 기준과 관련된 기준으로는 'KCS 11 80 10 보강토옹벽'과 'KDS 11 10 10 지반조사' 등이 있으며, 해설을 위해 필요한 관련 기준으로는 'KDS 11 50 05 얕은기초 설계기준 (일반설계법)', 'KDS 11 70 05 쌓기·깎기', 'KDS 11 90 00 비탈면 내진설계기준', 'KDS 17 10 00 내진설계 일반' 등이 있다.

1.4 용어의 정의

내용 없음

1.5 기호의 정의

내용 없음

1.6 시설물의 구성

1.6.1 보강토옹벽의 구성요소

(1) 보강토옹벽의 전면벽체로는 블록, 패널 형태 등의 재료를 사용하여야 한다. 다만, 설계수명이 짧은 임시구조물의 보강토옹벽인 경우에는 토목섬유를 사용한 포장형 (wrapped around) 전면벽체를 적용할 수도 있다.

해설

보강토옹벽의 주요 구성요소인 전면벽체(facing)는 보강토옹벽 구성요소 중 유일하게 외부에 노출되어 보강토옹벽의 외관을 형성하고 뒤채움재료의 유실을 방지하는 역할을 한다. 보강토옹벽의 전면벽체로는 콘크리트 패널이나 콘크리트 블록, 지오셀(geocell), 철망 또는 토목섬유 포장형 전면벽체 등을 사용할 수 있다. 해설그림 1.3에서는 보강토옹벽에서 사용할 수 있는 전면벽체의 다양한 종류를 보여주며, 사용하는 전면벽체의 종류에 따라 패널식 보강토옹벽 또는 블록식 보강토옹벽 등으로 부르고 있다.

설계수명이 3년 이내로 비교적 짧은 경우에는, 경제성을 위하여 해설그림 1.3 e)에서와 같이 토목섬유를 감싼 형태의 포장형 전면벽체를 사용할 수도 있다.

보강재로는 금속성 또는 토목섬유 재질로 띠(strip)형, 그리드(grid)형, 시트(sheet)형 등의 형태가 주로 사용되고 있으며, 뒤채움 흙과의 상호작용에 의하여 보강토체를 일체화시키는 가장 중요한 역할을 한다.

뒤채움재료는 보강토옹벽 전체 체적의 대부분을 차지하며, 보강재에 의하여 결속된 보강토체가 일체화된 구조물로 작용한다. 뒤채움재료는 보강재와의 결속력이 우수하고 장기적인 변형이 적어야 하므로 일반적으로 양질의 사질토가 요구된다.

a) 콘크리트 패널

b) 콘크리트 블록 – 소형

해설그림 1.3 보강토옹벽에 사용되는 전면벽체의 종류(계속)

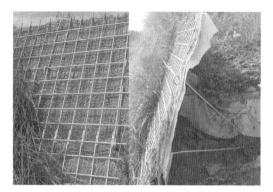

c) 철망식 전면벽체

d) 콘크리트 블록 – 중형

e) 토목섬유 포장형 전면벽체

f) 지오셀(geocell)

해설그림 1.3 보강토옹벽에 사용되는 전면벽체의 종류

1.7 해석과 설계원칙

1.7.1 설계목표

(1) 보강토옹벽은 설계수명기간 동안 보강토체의 전체적인 안정성이 유지되어야 하며, 벽체를 구성하는 각 구성부재와 연결부가 파괴되지 않아야 한다.

(2) 옹벽의 사용성을 위해서 과도한 부등침하나 횡방향 변위가 발생하지 않아야 한다.

(3) 보강토옹벽의 설계에는 고정하중, 상재하중, 토압, 지진하중, 풍하중 등을 고려해야 하며 적용 현장 조건에 따라 차량이나 열차 등에 의한 진동하중이 보강토옹벽에 영향을 미칠 것으로 판단될 경우에는 진동하중도 고려할 수 있다.

① 고정하중 : 보강토체의 자중, 상재성토 하중 등

② 상재하중 : 차량이나 열차 등의 활하중

③ 토압

④ 지진하중 : 보강토체의 지진관성력, 동적토압 증가분

⑤ 풍하중 : 방음벽 등에 작용하는 풍하중

(4) 다음과 같은 조건에서는 보강토옹벽을 사용하지 않는다.

① 배수시설 외의 다른 시설물을 옹벽 보강 영역 내에 설치하여야 할 경우. 즉, 보강재를 손상하지 않고는 시설물에 접근할 수 없고, 시설물의 손상이 구조물의 안정성을 위협하는 경우

② 범람으로 인한 침식이나 세굴에 의해 보강토체, 전면벽체 그리고 기타 지지 기초의 하부층이 손상 받을 수 있는 경우

③ 환경, 장기침식 또는 품질저하에 대한 연구가 수행되지 않은 조건에서, 보강재가 산성의 광산수에 의해 오염된 지표수 또는 지하수, 다른 산업 오염물질, 또는 AASHTO LRFD Bridge Construction Specifications, 7.3.6.3에 해롭다고 명시된 기타 환경적 조건에 노출된 경우

해설

1) 설계목표 - 안정성

(1) 보강토옹벽의 설계수명

옹벽구조물의 설계수명은 옹벽이 부대시설로서 포함되는 본 구조물의 설계수명과 동일하게 볼 수 있다. 한 가지 예로서 도로의 경우 중요구조물인 교량 등을 약 100~120년의 내구수명을 가지는 것으로 설계하며 이에 따라 도로의 내구수명도 그와 동일하게 간주한다. 따라서 보강토옹벽 상부에 도로가 있거나 또는 보강토옹벽 하부에 도로가 있는 경우에는 보강토옹벽도 도로의 내구수명과 동일하게 간주할 수 있다.

즉, 보강토옹벽 설계수명은 보강토옹벽이 지지하는 구조물의 설계수명과 동일하게 설계하는 것이 일반적이며, 보통 영구구조물인 보강토옹벽은 75~100년 정도의 설계수명으로 설계한다.

(2) 설계목표

보강토옹벽은 보강재로 보강된 보강토체가 일체로 작용하여 배면토압에 저항하는 옹벽의 역할을 하므로, 일반 옹벽구조물에서와 같이 저면활동, 전도, 지반지지력 등에 대한 외적안정성이 확보되어야 한다. 또한 보강토옹벽이 일체로 작용하기 위해서는 보강토체 내부에서 보강재가 파단되거나 인발되지 않아야 하며, 보강재층을 따른 내부활동이 발생하지 않아야 한다.

2) 설계목표 – 사용성

(1) 허용변형의 한계

보강토옹벽은 일종의 흙구조물로서 시공 중 및 시공 완료 후 변형의 발생은 불가피하며, 보강토옹벽의 변위는 장기적으로 발생할 수 있는 변위의 크기를 말한다.

보강토옹벽에 있어서 수직선형의 오차가 $\pm 0.03H$(여기서, H는 보강토옹벽의 높이) 또는 최대 300mm 이내에 있으면 안정성에 문제가 없는 것으로 평가되고 있으나(土木研究センター, 1990), 보강토옹벽의 변형이 벽체의 성능에 영향을 미치지 않아야 하고, 외관상으로 불안정하게 보여서도 안 된다. 보강토옹벽이 중요한 구조물인 때에는 더 엄격한 허용변형의 한계를 적용할 수 있다.

(2) 허용침하량

보강토옹벽의 침하량은 보강토체 자체의 압축변형에 의한 침하와, 하부지반의 압축변형에 따른 침하량의 합이다. 보강토옹벽 뒤채움재는 일반적으로 95% 이상의 다짐도를 요구하므로 보강토체의 압축침하량은 무시할 수 있다. 하부지반의 침하량은 얕은기초의 침하량 산정방법(KDS 11 50 05 (4.2) 참조)을 사용하여 계산할 수 있으며, 하부지반이 연약점성토 지반일 때에는 장기적으로 큰 침하량이 발생할 수 있으므로 주의가 필요하다. 일반적으로 전반적인 균등한 침하는 보강토옹벽의 안정성에 미치는 영향이 크지 않은 것으로 알려져 있으나, 침하량이 크면 부등침하가 커질 수 있으므로 주의해야 한다. 부등침하는 해설그림 1.4에서 보는 바와 같이, 옹벽 선형을 따른 두 측점 사이의 거리(L)에 대한 침하량의 차이(Δ)의 비율로 정의되며, 보강토옹벽의 허용(부등)침하량은 벽체의 용도 및 지지하는 구조물의 특성에 따라서 결정한다.

일반적으로 조립식 콘크리트 패널을 전면벽체로 사용할 때의 허용부등침하량(Δ/L)은 1/100 정도이고, 소형 콘크리트 블록을 전면벽체로 사용할 때는 허용부등침하량(Δ/L)이 1/200 정도이며, 철망식이나 지오셀(geocell), 토목섬유 포장형 전면벽체와 같은 연성 벽면을 사용하는 경우에는 1/50 이상의 부등침하도 견딜 수 있다. 전체높이(full-height)의 콘크리트 패널을 전면벽체로 사용하는 경우에는 총침하량을 50mm, 부등침하량(Δ/L)을 1/500 정도로 제한한다.

미관을 고려할 때는 보다 엄격한 침하 기준을 적용할 필요도 있다.

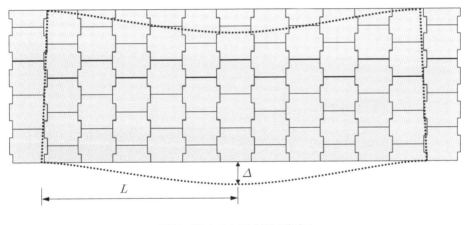

해설그림 1.4 부등침하 개념도

(3) 부등침하에 대한 대책

기초지반의 급격한 부등침하가 예상될 때는 부등침하 경계부에 벽체 전체 높이에 걸쳐 슬립조인트(slip joint)를 설치하면 적절하게 부등침하를 수용할 수 있다.

해설그림 1.5에서는 횡배수관 주변의 급격한 부등침하에 의한 피해를 방지하기 위하여 설치한 슬립조인트 적용 예를 보여준다.

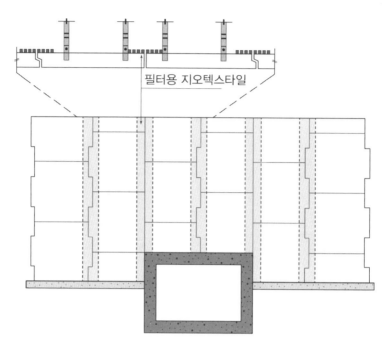

a) 패널식 보강토옹벽에서 슬립조인트의 예

해설그림 1.5 슬립조인트(slip joint) 적용 예(계속)

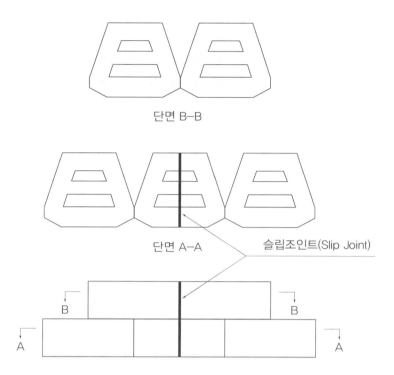

단면 B–B

슬립조인트(Slip Joint)

단면 A–A

b) 블록식 보강토옹벽에서 슬립조인트의 예

해설그림 1.5 슬립조인트(slip joint) 적용 예

3) 보강토옹벽에 작용하는 하중

보강토옹벽에 작용하는 하중은, 해설그림 1.6에서 보는 바와 같이, 보강토체의 자중, 보강토옹벽 상부의 성토하중, 보강토체 배면에 작용하는 토압, 보강토옹벽 상부에 작용하는 하중 등이 있으며, 보강토옹벽 상부에 작용하는 하중은 등분포하중과 띠하중(strip load), 선하중(line load), 점하중(point load) 등이 있다. 또한 보강토옹벽 상부에 방음벽이 설치될 때는 방음벽에 작용하는 풍하중을 고려하여야 한다.

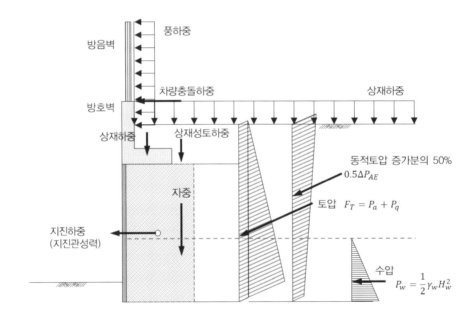

해설그림 1.6 보강토옹벽에 작용하는 하중

보강토옹벽 상부에 차량방호벽이나 방음벽의 기초로 L형 옹벽이 설치될 때는 보강토옹벽 상부의 성토하중(등분포 사하중)뿐만 아니라 L형 옹벽의 배면에 작용하는 토압 및 L형 옹벽의 접지압을 고려하여 보강토옹벽의 안정성을 검토하여야 한다. 보강토옹벽 상부에 L형 옹벽이 설치되는 경우의 안정성 검토 방법은 부록 A.1에 제시되어 있으며, 방호벽에 대한 차량충돌하중 및 가드레일에 작용하는 수평하중에 대한 계산방법은 부록 A.2 및 부록 A.3에 제시되어 있다.

보강토옹벽이 침수되거나 배면 지하수위가 상승할 우려가 있는 경우에는 적절한 배수시설을 설치해야 하며, 배수시설을 설치하더라도 수압의 영향을 받을 것으로 예상될 때는 수압을 고려하여야 한다.

지진 시의 안정성 검토 시에는 정적하중에 더하여 보강토체의 관성력(P_{IR})과 동적토압 증가분(ΔP_{AE})을 추가로 고려한다.

(1) 고정하중(사하중)

보강토옹벽에 작용하는 고정하중은 보강토체의 자중, 상재 성토하중 및 상부에 고정된 구조물에 작용하는 하중이다.

(2) 상재 활하중

보강토옹벽에 작용하는 상재 활하중은 보강토옹벽 위에서 주행하는 차량이나 열차의 활하중이 대표적이다.

옹벽 배면 지반은 시공 중 장비의 이동 및 시공 완료 후 자재의 야적, 차량의 통행 등과 같은 임시 또는 일시적인 하중을 고려하기 위하여 10kPa의 등분포 활하중을 재하하고, 도로의 경우 공용 중 중차량(DB-24) 등에 의한 하중을 고려하기 위하여 13kPa의 등분포 활하중을 재하한다(국토해양부, 2012). 철도의 경우에는 궤도하중에 의한 등분포 사하중 15kPa과 열차활하중에 의한 상재하중 35kPa을 재하한다(국토교통부, 2017).

외적안정해석 시 차량하중과 같은 등분포 활하중은 해설그림 1.7 a)에서와 같이 고려한다. 즉, 활동, 전도 및 보강재 인발파괴에 대한 안정성 검토 시에는 보강토체 상부에 등분포 활하중이 작용하지 않는 것으로 가정하지만, 지지력 및 전반활동에 대한 안정성 검토 시에는 등분포 활하중의 영향을 고려해야 한다.

보강토옹벽 배면의 주동파괴쐐기 안쪽에 띠하중(strip load), 독립기초하중(isolated footing load), 점하중(point load) 등과 같은 추가하중이 작용할 때는 해설그림 1.8에서와 같이 보강토체 배면에 토압을 작용시키는 것으로 가정하여 외적안정성을 검토한다. 보강토옹벽 배면 주동파괴쐐기 바깥에 작용하는 하중에 대해서는 외적안정성 검토 시 고려하지 않는다.

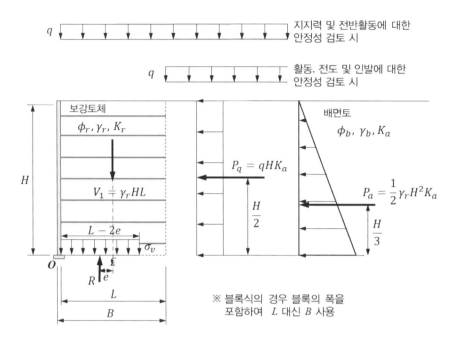

a) 상부가 수평인 경우

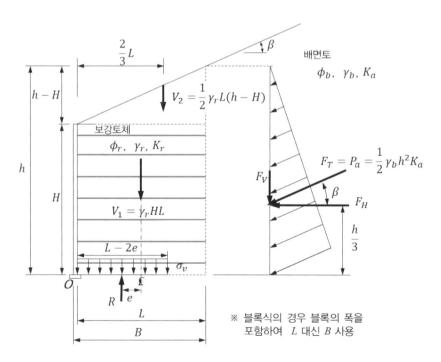

b) 상부가 사면인 경우

해설그림 1.7 보강토옹벽에 작용하는 하중

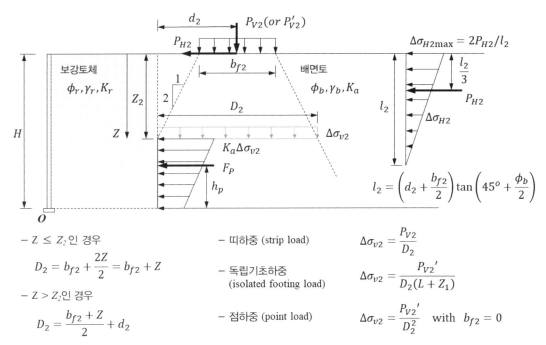

해설그림 1.8 외적안정해석에서 상재하중의 고려 방법

− $Z \leq Z_2$인 경우

$$D_2 = b_{f2} + \frac{2Z}{2} = b_{f2} + Z$$

− $Z > Z_2$인 경우

$$D_2 = \frac{b_{f2} + Z}{2} + d_2$$

− 띠하중 (strip load)

$$\Delta\sigma_{v2} = \frac{P_{V2}}{D_2}$$

− 독립기초하중 (isolated footing load)

$$\Delta\sigma_{v2} = \frac{P_{V2}'}{D_2(L + Z_1)}$$

− 점하중 (point load)

$$\Delta\sigma_{v2} = \frac{P_{V2}'}{D_2^2} \quad \text{with } b_{f2} = 0$$

※ P_{V2}, P_{V2}' 또는 P_{H2} 가 보강토체 배면의 주동파괴쐐기 안쪽에 있는 경우에만 고려함

(3) 배면토압

보강토옹벽의 배면에 작용하는 배면토압은 다음 해설식 (1.1)과 같이 계산할 수 있다.

$$P_a = \frac{1}{2}\gamma_b h^2 K_a \qquad\qquad \text{해설식 (1.1)}$$

여기서, P_a : 보강토옹벽 배면에 작용하는 주동토압(kN/m)

γ_b : 배면토(retained soil)의 단위중량(kN/m³)

h : 보강토옹벽 배면에 주동토압이 작용하는 가상 높이(m)

K_a : 주동토압계수

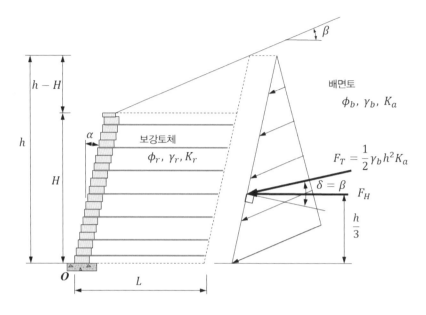

해설그림 1.9 보강토옹벽에 작용하는 주동토압(AASHTO, 2007)

가. 토압계수

보강토옹벽의 외적안정해석에 사용하는 토압계수는 기본적으로 쿨롱(Coulomb)의 주동
토압계수를 사용한다. 이때 벽면마찰각 δ는 상부사면경사각 β와 같지만, 배면토의 전단
저항각 ϕ_b보다는 작다.

$$K_a = \frac{\cos^2(\phi_b + \alpha)}{\cos^2\alpha\cos(\alpha - \delta)\left[1 + \sqrt{\dfrac{\sin(\phi_b + \delta)\sin(\phi_b - \beta)}{\cos(\alpha - \delta)\cos(\alpha + \beta)}}\right]^2} \qquad \text{해설식 (1.2)}$$

여기서, K_a : 쿨롱(Coulomb)의 주동토압계수

ϕ_b : 배면토(retained soil)의 내부마찰각(°)

α : 벽면경사(수직으로부터)(°)

δ : 벽면마찰각(°)

β : 상부사면경사각(°)

나. 벽면이 수직이고 상부가 수평인 경우의 토압계수

보강토옹벽의 벽면경사가 수직 또는 수직에 가깝고($\alpha < 10°$), 상부가 수평($\beta = 0$)인 경우에는 해설식 (1.3)과 같은 랭킨(Rankine)의 주동토압계수를 사용한다.

$$K_a = \tan^2\left(45° - \frac{\phi_b}{2}\right)$$

해설식 (1.3)

다. 벽면이 수직이고 상부에 성토사면이 있는 경우의 토압계수

벽면의 경사가 수직 또는 수직에 가깝고($\alpha < 10°$), 상부에 성토사면이 있는 경우($\beta \neq 0$)에는 다음 해설식 (1.4)와 같은 주동토압계수를 사용한다.

$$K_a = \cos\beta\left[\frac{\cos\beta - \sqrt{\cos^2\beta - \cos^2\phi_b}}{\cos\beta + \sqrt{\cos^2\beta - \cos^2\phi_b}}\right]$$

해설식 (1.4)

라. 상부 성토사면이 무한사면이 아닌 경우의 토압계수

보강토옹벽 상부의 사면이 무한하지 않으면 앞에서와 같은 토압계수를 직접적으로 적용하기는 곤란하다. 이런 경우에는 쿨롱(Coulomb) 토압이론에 의한 시행쐐기법(trial wedge analysis)에 의하여 배면토압을 계산할 수 있다(AASHTO, 2020).

한편, FHWA 지침(Elias 등, 2001)과 AASHTO(2020) LRFD에서는 계산의 편의를 위한 대안을 다음과 같이 제시하고 있다. 성토사면의 길이가 보강토옹벽 높이의 2배보다 짧은 경우에는, 해설그림 1.10에서와 같이 보강토옹벽 상부를 가상의 무한사면으로 가정하여 배면토압을 작용시키며, 위의 해설식 (1.2) 또는 해설식 (1.4)에서 사면경사각 β 대신에 가상무한사면의 경사각 i를 사용한다.

(4) 지진하중

지진 시 보강토옹벽에는 정하중에 더하여 지진관성력(P_{IR})과 동적토압 증가분(ΔP_{AE})이 추가로 작용한다.

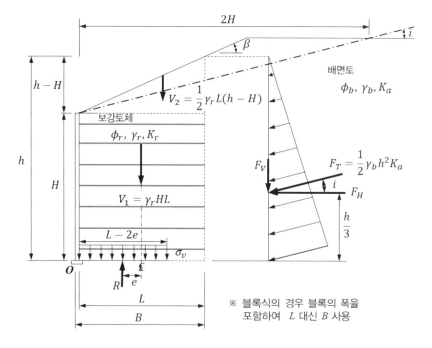

해설그림 1.10 상부사면길이가 짧은 경우의 배면토압

가. 지진관성력

지진관성력은 해설그림 1.11에서와 같이 보강토체 중 관성력의 영향을 받는 부분(빗금 친 영역)의 관성력이며, 일반적으로 벽체높이의 $0.5H_2$(상부가 수평일 때 $H_2 = H$)에 해당하는 저면폭만큼만 관성력에 기여하는 것으로 간주하며, 지진관성력은 토체의 중심에 작용한다.

보강토옹벽의 지진관성력은 다음 해설식 (1.5)와 같이 계산한다.

$$P_{IR} = MA_m \qquad\qquad\qquad \text{해설식 (1.5)}$$

$$A_m = (1.45 - A)A \qquad\qquad\qquad \text{해설식 (1.6)}$$

여기서, M : 해설그림 1.11에서 빗금 친 부분의 질량

$\quad\quad\quad A_m$: 보강토옹벽 중심에서 최대지진계수

$\quad\quad\quad A$: 기초지반의 최대지반가속도계수

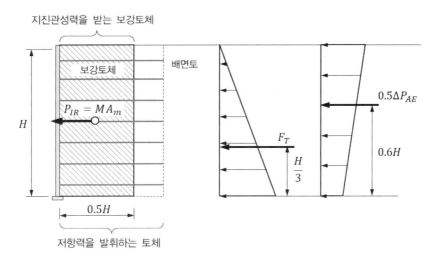

a) 상부가 수평인 경우

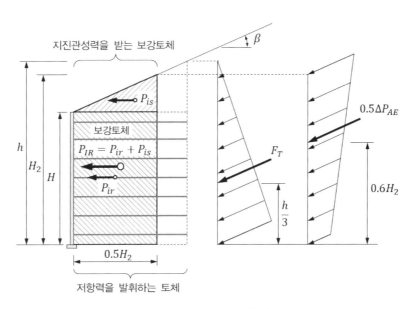

b) 상부가 성토사면인 경우

해설그림 1.11 지진 시 보강토체의 외적안정해석에서 고려하는 하중

여기서, 최대지반가속도계수(max. ground acceleration coefficient, A)는 보강토옹벽 설치를 위하여 정지된 지표면에서의 최대지반가속도계수로, 지진구역별로 내진등급에 따른 최대지반가속도의 크기를 나타내기 위한 계수이다. 최대지반가속도계수는 'KDS 17

10 00 내진설계 일반'에 따라 결정한다.

행정구역에 의한 방법을 사용할 때는 지지구역별 지진구역계수(Z)와 보강토옹벽의 내진 등급에 따른 위험도계수(I)를 곱한 유효수평가속도($S = Z \times I$)에 지반특성을 고려한 지반 증폭계수를 곱하여 계산한다. 이때 지반증폭계수는 단주기지반증폭계수(F_a)를 사용한다.

나. 동적토압

동적토압은 해설그림 1.11에서와 같이 관성력의 영향을 받는 부분의 배면에 작용하는 것으로 가정하며, Mononobe−Okabe공식으로 구한 지진 시 주동토압 증가분(ΔP_{AE})의 50%를 $0.6H_2$(상부가 수평일 때는 $H_2 = H$) 위치에 작용시킨다.

지진 시 주동토압 증가분은 다음 식을 이용하여 산정할 수 있다.

$$\Delta P_{AE} = \frac{1}{2}\gamma_b H_2^2 \Delta K_{AE} \qquad\qquad 해설식\ (1.7)$$

$$\Delta K_{AE} = K_{AE} - K_A \qquad\qquad 해설식\ (1.8)$$

$$K_{AE} = \frac{\cos^2(\phi_b + \alpha - \theta)/\cos\theta\cos^2\alpha\cos(\delta - \alpha + \theta)}{\left[1 + \sqrt{\dfrac{\sin(\phi_b + \delta)\ \sin(\phi_b - \beta - \theta)}{\cos(\delta - \alpha + \theta)\cos(\alpha + \beta)}}\right]^2} \qquad\qquad 해설식\ (1.9)$$

여기서, ΔP_{AE} : 동적토압 증가분(kN/m)

$\quad\quad H_2$: 관성력을 받는 보강토옹벽 배면의 높이(m)

$\quad\quad \gamma_b$: 배면토의 단위중량(kN/m³)

$\quad\quad \Delta K_{AE}$: 동적토압계수 증가분

$\quad\quad K_{AE}$: Mononobe−Okabe의 동적주동토압계수

$\quad\quad K_A$: 정적주동토압계수(쿨롱(Coulomb)의 주동토압계수)

$\quad\quad \phi_b$: 배면토의 내부마찰각(°)

$\quad\quad \alpha$: 벽면의 경사각(수직에서 시계방향이 정(+) 방향)(°)

$\quad\quad \delta$: 벽체 배면에서 유발된 접촉면의 마찰각(°)

β : 상부 성토사면의 경사각(수평으로부터)(°)

θ : 지진관성각(seismic inertia angle,

$$\theta = \tan^{-1}\left(\frac{k_h}{1 \pm k_v}\right))(°)$$

k_h, k_v : 각각 수평과 수직방향의 지진가속도계수

(horizontal and vertical seismic acceleration coefficients)

일반적으로 Mononobe−Okabe의 동적주동토압계수(K_{AE})를 계산할 때 수평방향 지진 가속도계수(k_h)는 해설식 (1.6)의 보강토옹벽의 최대지진계수 A_m 을 적용하며, 수직방향 지진가속도계수(k_v)는 0으로 한다.

벽체의 변형을 허용할 수 있는 경우에는 더 경제적인 설계를 위해서 벽체의 허용수평변위 (d, mm 단위)를 고려하여 해설식 (1.10)과 같이 수평지진계수(k_h)를 수정하는 방법도 고 려할 수 있으며, 일반적으로 50~100mm의 허용변위에 대하여 적용한다(Elias 등, 2001).

$$k_h = 1.66 A_m \left(\frac{A_m}{d}\right)^{0.25} \quad (단, \ 25\text{mm} \leq d \leq 200\text{mm}) \qquad 해설식 (1.10)$$

한편, 상부사면의 경사각이 큰 경우, 즉 $\beta > \phi_b - \theta$인 때에는 분모의 $\sqrt{\ }$ 안의 값이 음 (−)의 값이 되어 K_{AE}를 계산할 수 없다. 이런 경우 인위적으로 $\phi_b - \beta - \theta = 0$으로 입력 하여 K_{AE}를 계산할 수는 있으나, 과도하게 보수적인 값을 산출할 수 있다(AASHTO, 2020). 대안으로 시행쐐기법(trial wedge method)을 사용할 수 있다.

CHAPTER 02

조사 및 계획

02

조사 및 계획

2.1. 일반사항

(1) 지반조사 기본사항은 KDS 11 10 10을 따른다.
(2) 보강토옹벽이 시공되는 기초지반에 대하여 최소 1회 이상의 지반조사(시추 및 표준관
입시험)를 실시한다. 만약 대상 보강토옹벽이 길이 방향으로 100m 이상일 경우에는
길이 방향으로 100m마다 지반조사를 실시하며, 급격한 지형의 변화가 있을 경우에는
50m마다 지반조사를 실시한다.

해설

보강토옹벽의 적용 가능성은 기존 지형, 하부지반의 조건, 흙/암반의 특성 등에 의존하
며, 보강토옹벽을 설계하기 전에 현장의 안정성, 침하의 발생 가능성, 배수시설의 필요성
등을 검토하기 위하여 현장에 대한 광범위한 조사가 필요하다.

지반조사의 기본사항은 'KDS 11 10 10 지반조사'를 따르며, 보강토옹벽 설치 시 기초지
반의 지지력, 허용침하량, 전체안정성 등을 평가하기 위한 기초자료를 얻을 수 있도록
계획하고 수행한다.

또한 보강토옹벽에서 중요한 요소 중 하나인 뒤채움재료로 현장유용토를 사용할 수 있
는지 또는 가까운 곳에 토취장이 있는지도 조사에 포함하여야 한다.

2.2 조사내용

> (1) 보강토옹벽 설계를 위하여 현장답사, 지반조사 등을 실시하여야 하며 기초지반 및 양질의 뒤채움재를 포함한 배면토체 등에 대해 요구되는 실내시험 결과를 반영하여야 한다.

해설

1) 보강토옹벽 설계를 위한 조사 개요

보강토옹벽 설계를 위한 조사는 보강토옹벽의 합리적이고 경제적인 계획, 설계, 시공 및 유지관리를 위하여 필요한 자료를 얻기 위한 목적으로 시행하며, 크게 기존 문헌조사, 현지답사, 지반조사 및 시험으로 이루어진다. 옹벽의 규모와 필요한 자료 및 정보의 내용에 따라 예비조사, 본조사의 순서로 진행하며, 때에 따라서는 보완조사를 시행할 수도 있다.

예비조사는 부지계획에 따라 주변과의 영향을 고려한 옹벽의 형성 계획을 수립하고, 본조사 계획을 설정하기 위하여 실시하며, 본조사는 옹벽의 구체적인 설계와 시공계획을 수립하기 위하여 실시한다. 보완조사는 설계를 보완하기 위하여 추가로 시행하거나, 설계단계에서 확인하지 못한 사항을 시공단계에서 확인하기 위하여 실시한다.

조사항목은 일반적으로 기초지반의 지층구성과 그 특성의 파악, 뒤채움재료의 재료원 및 그 특성의 파악, 설계에 사용할 설계정수의 결정 등이며, 예비조사 및 본조사의 종류 및 목적 등은 해설표 2.1과 해설표 2.2에 제시되어 있다.

구조물의 기초가 되는 지반은 단순한 토질조사뿐만 아니라 지형 및 지질까지 고려하여 조사해야 하며, 현장(토질)조사에서 얻어진 자료는 옹벽의 기초 형식, 근입깊이, 기초의 설계 및 배면토압의 계산, 지하수위, 침하의 예측, 굴착 시에 발생할 수 있는 문제점의 파악 등에 사용된다.

2) 조사내용

(1) 예비조사

가. 자료수집

보강토옹벽 설치 예정 지역 근처에서 과거 시행된 토질조사, 시추 등의 기존 자료를 수집·검토하여 개략적인 지반조건을 파악하고, 현장(지반)조사를 실행할 때 참고자료로 활용한다.

해설표 2.1 예비조사의 종류와 목적 등(김경모, 2016)

조사단계		조사의 종류	조사의 목적	조사 내용
예비조사	자료에 대한 조사	현지형 조사	• 지형, 지질 지반조건의 대별 • 문제 개소의 예측	• 지형도, 지질도 등 기존자료의 수집 • 시공 개소 주변의 기록 및 과거의 재해기록 등의 수집 • 기존의 토질조사기록
		입지조건 조사	• 주변 환경의 보전대책 검토 • 공사에 따른 주변에의 영향도 파악	• 민가, 다른 구조물과의 접근 상태 • 사적, 문화재 등에 관한 자료
		시공조건 조사	• 시공 중의 환경대책, 안전 대책의 검토 • 시공방법, 사용기계 등의 검토	• 소음, 진동 등 시공을 규제하는 법률 등 • 공사현장의 규모, 시공기계의 사용의 가부 등 • 보강재, 성토재료 및 시공기계의 반출입로와 방법
		기상조사	• 시공시기의 예측 • 부식에 대한 검토	• 과거의 기상에 관한 자료 수집 • 다양한 기상조건의 영향도
	답사	• 자료에 대한 조사와 동일		• 자료에 의한 조사내용에 대한 현지조사에 의한 관찰 등
	관계기관과의 협의 등에 대한 조사	• 현지형 조사 • 입지조건 조사 • 시공조건 조사	• 용지, 부지환경 등의 확인 • 시공상의 제약조건의 파악 • 매설물, 기존 구조물의 파악	• 지역에 오래 거주한 사람으로부터의 의견 청취 • 용지도 등 기존자료의 수집 • 민가, 다른 구조물 등의 접근 상황 • 공사용 도로, 농업수리, 배수 계획

해설표 2.2 본조사의 종류와 목적(김경모, 2016)

조사단계		조사의 종류	조사의 목적	조사방법 및 내용
본조사	지지지반 조사	토질조사	• 지반상태의 파악 • 각 지층의 분류 및 흙의 공학적 성질 파악	• 시추 • 샘플링 • 실내토질시험
		지하수조사	• 배수대책, 시공방법의 검토 • 보강재의 부식에 대한 안전성 검토	• 지하수위 • 복류수, 용출수 • 수질시험
	성토재료 조사	토지조사	• 성토재료의 공학적 성질 파악 • 발생토의 성토재료로서 적용 가능성 검토	• 실내토질시험 • 다짐시험
		기타	• 성토재료의 사용계획 • 성토재료의 관리	• 토취장의 위치 • 시공기계, 시공방법 등의 검토 • 성토재료의 반출입로 및 방법
	보강재료 조사	강도, 내구성 조사 등	• 보강재의 강도, 내구성 등에 대한 검토	• 보강재의 각종 시험 　– 인장강도 및 인장변형률 　– 탄성계수, 프와송비 　– 크리프 특성 　– 내구성, 부식 등
	구조조건 조사	상재하중	• 상재하중의 검토 • 특수한 상재하중의 검토	• 보강토옹벽의 사용목적
		기존 구조물 등	• 부등침하에 대한 검토 • 시공상의 제약조건의 파악	• 기존 구조물, 매설물 등의 확인
	시공관계 조사	시공환경조사	• 시공 중의 환경대책	• 자재, 성토재 및 시공기계의 반출입로 및 방법 • 소음, 진동의 조사
		시공조건조사	• 시공 중의 안전대책 • 사용기계, 시공방법의 검토	• 민가, 시설물 등의 접근상황 • 매설물 등의 확인

나. 주변 구조물에 대한 조사 및 검토

기존 구조물이나, 보강토옹벽과 동시에 시공될 구조물에 근접하여 보강토옹벽이 계획되었을 때는 보강토옹벽을 단독으로 시공하는 경우와 달리 주변 구조물의 영향을 받거나, 반대로 영향을 미칠 수 있어서 주변 구조물에 대한 현장조사와 보강토옹벽의 설치에 따른 주변 구조물과의 상호 영향에 대하여 검토한다.

다. 현장조사(답사)

기존 구조물 또는 매설물에 대한 조사와 이에 따른 시공상의 제약조건, 시공 중의 비탈면 안정, 가배수 방법, 작업공간, 자재의 반입, 운반 및 임시 야적장, 소음 및 진동에 대한 규제사항, 시공시기, 공정, 사용기계 등에 대하여 조사 및 검토한다.

(2) 본조사

가. 설계정수를 얻기 위한 지반조사

보강토옹벽의 설계를 위한 토질정수를 얻기 위한 조사항목은 다음과 같다.

- 외력(토압)의 계산에 필요한 설계정수를 얻기 위한 조사
- 기초의 지지력과 침하의 계산을 위하여 필요한 설계정수를 얻기 위한 조사
- 안정성 검토에 필요한 설계정수를 얻기 위한 조사

보강토옹벽의 설계를 위한 토질정수를 얻기 위하여 각 시추공에서 사질토 지반에서는 표준관입시험(Standard Penetration Test, SPT)을 실시할 수 있고, 점성토 지반에서는 얇은 관(thin wall tube)에 의해 흙을 채취하여 실내시험을 수행할 수 있다.
또한 지지력에 대한 안정성 검토 및 전체안정성 검토를 위하여 지하수위 조건을 평가하여야 한다.

나. 지반조사 깊이

지반조사 깊이는 하부지반의 조건에 따라 결정되며, 지지력, 활동, 침하 등에 영향을 미치는 범위까지 조사해야 한다(해설그림 2.1 참조).
일반적으로 옹벽의 자중과 배면 흙쌓기의 자중에 의해 기초지반에 발생하는 활동파괴는 기초저면으로부터 배면 흙쌓기 높이의 1.5배 이내의 깊이에서 발생한다. 기반암이 이 깊이 이내에 있는 경우에는 기반암 약 3m 깊이까지 조사한다.
또한, 접지압에 의한 침하 영향은 흙쌓기 높이의 1.5~3.0배 이내이지만, 이 범위를 초과

하여 압밀침하를 일으킬 가능성이 있는 연약층이 존재하면 그 층 전체에 대해서 침하에 관한 모든 성질을 조사한다(국토해양부, 2012).

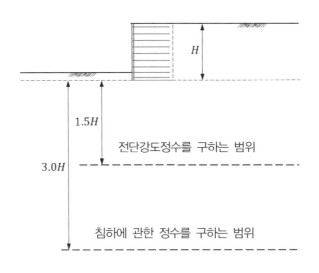

해설그림 2.1 기초지반 조사 범위(국토해양부, 2012 수정)

(3) 실내시험

가. 하부지반에 대한 실내시험

흙 시료에 대한 육안관찰을 통하여 현장 흙의 공학적 특성을 평가하기 위해 필요한 시험 항목을 결정하고, 일반적으로 함수비시험, 아터버그한계시험(atterberg limits tests), 입도시험, 전단강도시험 등을 수행한다.

보강토옹벽을 포함하는 전체안정성 검토를 위하여 하부 및 배면 지반에 대한 전단강도 결정을 위하여 직접전단시험, 일축압축시험 또는 삼축압축시험을 수행한다.

보강토옹벽 하부지반에 압축성이 큰 점성토 지반이 있는 경우에는 침하해석을 수행하기 위하여 필요한 매개변수를 얻기 위한 압밀시험(consolidation test)을 수행할 필요가 있다. 또한 점성토 지반에 대해서는 장기 및 단기 조건 모두에 대하여 평가할 수 있도록 배수 및 비배수 전단강도정수 모두를 얻어야 한다.

나. 뒤채움재료에 대한 실내시험

보강토옹벽 뒤채움재료로서의 사용 가능성은 입도분포, 소성지수(PI), 전단저항각(ϕ) 등을 기준으로 평가할 수 있다. 또한 뒤채움재료의 다짐은 실내시험에 의한 최대건조밀도(γ_{dmax})의 95% 이상의 다짐도를 확보할 것을 요구한다.

따라서 보강토옹벽 뒤채움재료로 사용하고자 하는 토취장 재료에 대하여 입도시험, 아터버그한계시험, 다짐시험, 직접전단시험(또는 일축 또는 삼축압축시험)을 수행해야 한다. 또한 보강토옹벽 뒤채움과 배면의 현장 흙 속에 보강재의 성능을 저하시킬 수 있는 성분이 있는지 확인하기 위하여 필요시 다음 항목의 시험을 추가할 수 있다.

- pH
- 전기저항(electrical resistivity)
- 황산염(sulfate), 황화물(sulfides) 및 염화물(chlorides) 등을 포함한 염분함유량(salt content)

CHAPTER 03

재 료

03

재 료

3.1 일반사항

3.1.1 전면벽체

(1) 전면벽체 요소는 보강재에서 전면벽체 접합부까지 작용하는 보강체의 횡방향 힘에 저항하도록 설계하여야 한다. 또한 벽체를 시공하는 동안 전면벽체 주변에서 발생하는 잠재적인 다짐 응력에 대해서도 안정성을 확보하여야 한다.

(2) 보강재의 인장력은 전면벽체 배면의 등분포 토압에 의해 지지된다고 가정한다. 전면벽체에서는 규정된 허용치를 넘어선 횡방향 처짐이나 배부름이 발생해서는 안 된다. 보강토옹벽의 전면벽체와 관련한 상세한 사항은 별도의 관련 규정이나 기준을 참조한다.

(3) 보강재 연결부와 콘크리트 전면벽체 보강철근 사이의 강재와 강재 간 접촉은 이질적인 금속, 즉 도금이 안 된 전면벽체 보강철근과 도금된 흙 보강철근 간의 접합이 발생되지 않도록 피해야 한다. 염류분사가 예상되는 곳에는 방식 시스템이 제공되어야 한다.

(4) 보강재와 전면벽체를 연결하는 부속물은 충분한 저항을 할 수 있는 구조와 강도를 가져야 하며 응력집중에 의한 전면벽체의 손상을 주지 않아야 한다.

해설

1) 전면벽체의 종류

전면벽체는 보강토옹벽에서 유일하게 외부로 노출되는 구성요소이며, 사용하는 전면벽체의 종류 및 형상에 따라 보강토옹벽의 미관을 좌우한다. 전면벽체는 뒤채움재료의 유실을 방지하는 역할을 하며, 때에 따라서는 배수경로의 역할을 하기도 한다. 사용하는 전면벽체의 특성에 따라 보강토옹벽 시스템의 허용침하량에 영향을 미치기도 한다. 대표적인 전면벽체의 종류를 해설그림 3.1 및 해설그림 3.2에서 보여주며, 종류별 특징을 살펴보면 다음과 같다.

가. 콘크리트 패널

콘크리트 패널은 두께 14~20cm 정도이고 가로 × 세로가 (1.0~2.0) × (1.0~2.0)m 정도인 +자형, T자형 또는 육각형 등 다양한 형태가 사용되고 있다(해설그림 3.1 참조). 콘크리트의 압축강도는 30MPa 이상이며, 무근콘크리트를 사용할 수도 있으나 콘크리트의 인장력 보강을 위하여 철근을 배근하는 것이 일반적이다. 콘크리트 패널은 습식양생으로 생산하며, 일반적으로 공장에서 제작할 때 보강재 연결을 위한 장치(부착고리(loop attachment), 타이스트립(tie strip) 등)를 묻어둔다. 인접한 패널들은 보통 연결봉과 연결홈으로 연결된다.

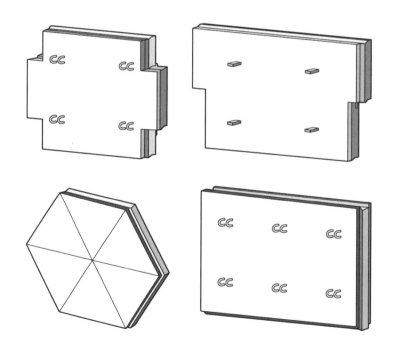

해설그림 3.1 전면벽체용 콘크리트 패널

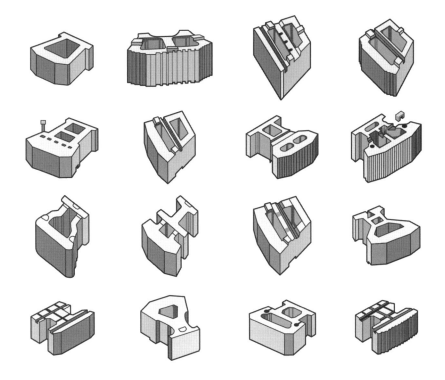

a) 소형 블록

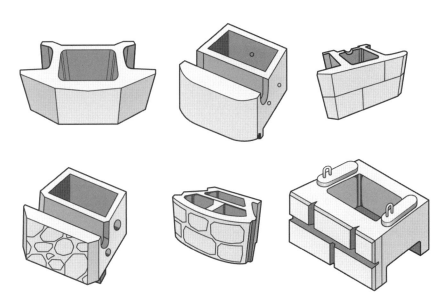

b) 중대형 블록

해설그림 3.2 전면벽체용 콘크리트 블록

나. 콘크리트 블록

콘크리트 블록으로는 무게가 30~50kg 정도로 가벼워 인력으로 설치할 수 있는 소형블록을 사용하는 것이 일반적이나, 최근에는 중·대형 콘크리트 블록을 사용하는 사례가 늘어나고 있다.

소형블록은 일반적으로 건식양생으로 생산하는 콘크리트 블록이며, 해설그림 3.2 a)에서와 같이 다양한 형태의 블록들이 사용되고 있다. 소형블록의 압축강도는 28MPa 이상이며, 높이는 0.2~0.3m이고, 폭은 0.4~0.8m, 길이는 0.35~0.6m 정도이다.

중·대형블록(해설그림 3.2 b) 참조)은 압축강도가 28MPa 이상이며, 높이는 0.5~0.6m 정도이고, 폭은 0.8~1.2m 정도, 길이는 0.5~1.0m 정도로 무게가 무거워 인력에 의한 설치는 불가능하고 장비를 사용해야 한다. 높이가 낮은 옹벽의 경우에는 보강재 설치 없이 중·대형블록만 적층하여 블록과 속채움의 무게만으로 배면토압에 저항하는 블록형 중력식 옹벽(modular block gravity wall)으로 적용하는 사례도 있다.

콘크리트 블록은 대부분 속이 빈 형태로 생산되며, 설치 후 속채움재료를 채워 넣는 것이 일반적이다. 보강토옹벽에서 콘크리트 블록은 건식으로 적층하여 쌓아 올라가며, 블록 상·하에는 돌기 또는 전단키와 홈을 형성하여 서로 결합할 수 있도록 제작되는 것이 일반적이며, 보강재를 연결하게 하기 위한 별도 장치가 마련되어 있는 것도 있다.

다. 철망식 전면벽체(Wire Mesh/Welded Wire Facing)

보강토옹벽 전면벽체로 와이어메쉬(wire mesh) 또는 용접강선망(welded wire) 등을 사용할 수 있으며, 수직방향으로 1자로 사용하거나 L자 형태로 가공하여 사용할 수 있다. 내부에는 골재를 채우는 경우도 있고, 전면에 식생을 도입하는 경우도 있다.

라. 게비온 전면벽체(Gabion Facing)

게비온(gabion)을 보강토옹벽 전면벽체로 사용할 수 있으며, 이때 보강재는 게비온 바구니에 연결된 용접강선망(welded wire mesh)을 사용할 수도 있고, 지오그리드(geogrids), 지오텍스타일(geotextiles) 등을 사용할 수도 있다.

마. 토목섬유 포장형 전면벽체(Geosynthetics Wrap-around Facing)

보강토옹벽 전면벽체로 토목섬유 포장형 전면벽체를 사용할 수 있으며, 콘크리트 패널이나 소형블록 등 다른 전면벽체에 비하여 경제적이며, 부등침하에 대한 허용치가 크다는 장점이 있으나, 장기간 외부에 노출 시 자외선이나 화재에 의하여 손상되기 쉽다는 단점이 있다. 따라서 토목섬유 포장형 전면벽체는 설계수명 36개월 이하의 임시구조물에 적용하는 것이 일반적이다.

바. 후시공 전면벽체(Post-construction Facing)

토목섬유 포장형 전면벽체는 장기간 외부에 노출 시 내구성의 문제가 있으나, 침하 및 부등침하에 대한 허용치가 크다는 장점이 있다. 따라서 예상침하량이 상당히 큰 연약지반상에 보강토옹벽을 시공하고자 할 때, 토목섬유 포장형 전면벽체와 같은 연성벽면을 가진 보강토체를 먼저 시공하여 침하가 완료된 다음 전면에 숏크리트(shotcrete) 또는 현장 타설 콘크리트를 타설하거나, 콘크리트 패널이나 소형블록을 조립식으로 설치하여 영구구조물의 전면벽체로 사용할 수 있다.

2) 허용변형

보강토옹벽은 흙으로 구성된 연성구조물로 시공 중 및 시공 완료 후 변형의 발생은 불가피하다는 것이 일반적인 견해이다. 그동안의 경험을 바탕으로 수직선형의 오차가 ±0.03H(H는 보강토옹벽의 높이) 또는 최대 30cm 이내라면 안전한 것으로 평가할 수 있다.

3) 전면벽체 보강철근

보강토옹벽의 전면벽체로 사용하는 콘크리트 패널은 무근콘크리트를 사용할 수도 있으나, 인장력에 대한 보강을 위하여 철근을 배근한 철근콘크리트를 사용하는 것이 일반적이며, 또한 보강재를 연결하게 하기 위하여 콘크리트 패널에 부착고리(loop attachment) 또는 타이스트립(tie strip)을 설치한다. 이때 도금된 부착고리 또는 타이스트립과 도금되지 않은 콘크리트 패널 보강철근이 직접적으로 접촉할 경우, 부식을 가속할 우려가 있으므로 주의해야 한다.

4) 부속자재

콘크리트 패널에 정착된 부착고리 또는 타이스트립(tie strip)이나 블록과 블록 또는 블록과 보강재를 연결하기 위한 부속자재는 소기의 목적을 달성할 수 있도록 충분한 강도와 내구성을 가져야 한다.

3.1.2 보강재

(1) 일반적인 보강재의 종류는 금속성 보강재와 토목섬유가 있으며, 금속보강재는 내구연한을 고려한 부식두께를 고려한다.

(2) 보강토옹벽을 위한 보강재는 다음과 같은 조건을 갖춰야 한다.

    ① 보강목적의 인장강도를 가지고 있어야 한다. 이때 보강재의 허용인장응력 내의 변형률을 극한상태의 토압 작용 시 지반의 변형률보다 작아야 한다.

    ② 장기인장강도 발생 시 변형률은 5% 이내이어야 한다.

    ③ 흙과의 마찰저항력이 수평토압에 저항할 수 있어야 한다.

    ④ 시공 중의 손상에 대한 저항성을 지녀야 한다.

    ⑤ 화학, 물리 및 생화학적 작용에 대해 내구성을 지녀야 한다.

    ⑥ 금속보강재는 반드시 방식 처리를 하여야 한다.

    ⑦ 보강재와 흙과의 결속력은 경계면의 마찰저항 또는 지지저항에 의하여 결정되므로 보강재를 효과적으로 결속력을 얻을 수 있는 형상이어야 한다.

(3) 보강재의 장기설계인장강도는 재료의 역학적 특성, 장기적인 내구성 등을 고려하여 결정한다.

(4) 금속보강재의 경우는 아연도금두께 $86\mu m$ 이상이 되도록 방청처리 하고, 장기인장강도는 부식을 고려하여 최초 2년간은 $15\mu m/year$, 그 이후에는 $4\mu m/year$, 아연도금이 완전히 손실된 이후에는 $12\mu m/year$의 부식속도를 고려하여 내구연한에 따른 부식두께를 제외한 나머지 두께에 대하여 장기인장강도를 산정한다.

(5) 금속 보강재의 장기설계인장강도는 내구연한에 따른 부식두께를 제외한 나머지 두께에 대해서 아래 식을 이용하여 평가한다. 이때 안전율 F_S는 1.82(=1/0.55)를 사용한다. 다만 강재 그리드(steel grid)형 보강재의 경우에는 국부적인 과응력이 발생할

가능성이 있기 때문에 2.08(=1/0.48)을 사용한다.

$$T_a = \frac{f_y A_c}{F_S b} \cdot R_c \tag{3.1-1}$$

여기서, T_a : 금속 보강재의 장기설계인장강도(kN/m)

A_c : 장기부식두께를 고려한 보강재의 단면적(m²)

f_y : 보강재의 항복강도(kN/m²)

b : 보강재 폭(m)

$R_c = b/S_h$ (평면형 및 그리드형 보강재의 경우는 1)

S_h : 보강재 중심축 사이의 수평간격(m)

(6) 토목섬유 보강재의 극한인장강도는 최소 평균 롤값(Minimum Average Roll Value, MARV)을 적용하여 산정하며 장기적인 내구성을 고려하여 저감요인을 고려한 장기 인장강도를 산정한다. 여기서, 최소 평균 롤값(MARV)이란 최소값과 평균값 사이의 값으로서 다음과 같이 표현된다.

$$\text{MARV} = \text{평균값} - 2 \times (\text{표준편차}) \tag{3.1-2}$$

① 토목섬유 보강재의 감소계수는 생·화학적 내구성, 시공손상, 장기적인 크리프 특성을 고려하며 공인된 기관에서 수행된 시험결과를 활용한다.

② 생·화학적 내구성과 시공손상에 대한 감소계수는 1.1 이상의 값을 사용하며 토목섬유 보강재 크리프 파단에 대한 감소계수의 일반적인 값은 다음과 같다.

$$T_l = \frac{T_{ult}}{RF} \tag{3.1-3}$$

$$T_a = \frac{T_l}{F_s} \tag{3.1-4}$$

여기서, T_{ult} : 토목섬유 보강재의 극한인장강도(kN/m)

$$RF = RF_{CR} \times RF_D \times RF_{ID}$$

RF_{CR} : 크리프 파단에 대한 감소계수,

일반적인 값은 다음과 같음

표 3.1-1 폴리머 종류에 따른 크리프 감소계수

폴리머 종류	크리프 감소계수
폴리에스테르(PET)	2.5~1.6
폴리프로필렌(PP)	5.0~4.0
폴리에틸렌(PE)	5.0~2.6

RF_D : 생·화학적 내구성에 대한 감소계수($\geq$1.1)

RF_{ID} : 시공손상에 대한 감소계수($\geq$1.1)

(7) 보강재의 장기설계인장강도(T_a)는 장기인장강도(T_l)에 안전율을 적용하여 계산하며 보강재 종류에 따른 안전율은 다음과 같다. 토목섬유 장기인장강도는 인장강도시험 결과 인장변형률 5% 이내에 해당하는 인장강도보다 작아야 한다.

표 3.1-2 보강재 종류에 따른 안전율

보강재 종류	안전율
강재 띠형 보강재	1.82
강재 그리드형 보강재	2.08
토목섬유 보강재	1.50

(8) 보강재의 인발파괴에 대한 검토는 보강재에 작용하는 최대하중을 저항영역 내에 근입된 보강재와 흙 사이의 마찰저항력이 견디는지에 대하여 검토하며 보강재-흙 사이의 인발저항계수는 공인된 기관에서 수행된 시험결과를 활용한다.

(9) 전면벽체와 보강재 연결부의 강도는 연결부의 하중보다 커야 하며 연결부의 하중은 각 층별 보강재에 작용하는 최대하중과 같은 것으로 간주한다.

해설

1) 보강재의 종류 및 조건

보강재는 보강토옹벽에서 가장 중요한 구성요소로서 보강목적에 적합한 인장강도와 흙과의 결속력을 가져야 하고, 흙 속에서 보강토옹벽의 설계수명 동안 적정한 내구성을 가져야 한다.

(1) 보강재의 종류

보강토옹벽에 사용되는 보강재는 인장강도 - 인장변형률 특성에 따라 비신장성(inextensible) 보강재와 신장성(extensible) 보강재로 구분할 수 있고, 재질에 따라 크게 금속성 보강재와 토목섬유(geosynthetics) 보강재로 구분할 수 있다. 또한, 형상에 따라서는 띠형 보강재와 그리드형 보강재, 시트형 보강재 등으로 구분할 수 있다.

AASHTO(2020) LRFD에 따르면, 비신장성 보강재는 흙이 최대강도(peak strength)에 도달하기 위하여 필요한 변형률(strain)보다 작은 변형률에서 보강재의 최대강도에 도달하며, 신장성 보강재는 흙의 최대강도에 도달하기 위하여 필요한 변형률보다 큰 변형률에서 보강재의 최대강도에 도달한다. FHWA 지침(Elias 등, 2001)에서는 비신장성 보강재는 보강재 파단 시 발생되는 보강재의 변형이 토체의 변형보다 극히 작은 보강재를 의미하고, 신장성 보강재는 보강재 파단 시 발생하는 변형이 토체의 변형보다 크거나 유사한 보강재를 의미한다.

한편, 금속성 보강재(해설그림 3.3 참조)는 보통 도금된 강재로 만들어지며, 띠(strip)형, 그리드(grid)형, 사다리(ladder)형 또는 봉(bar)형 등이 활용되고 있다. 강재 띠형 보강재는 흙과의 결속력을 높이기 위하여 일정 간격으로 돌기를 형성한 돌기형 강재 띠형 보강재(ribbed steel strip)가 사용되고 있다(해설그림 3.3 a) 참조).

토목섬유(geosynthetics) 보강재(해설그림 3.4 참조)는 보통 폴리에스테르(PET, polyester), 고밀도폴리에틸렌(HDPE, High Density Polyethylene) 등과 같은 고분자 합성재료를 이용하여 띠형, 그리드형 또는 시트형 등으로 만들어진다.

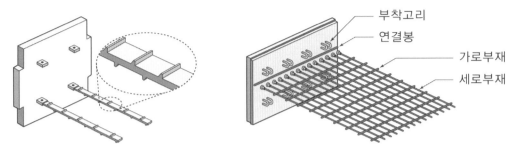

a) 돌기형 강재 띠형 보강재(ribbed steel strip)   b) 강재 그리드형 보강재(steel grid)

해설그림 3.3 금속성 보강재의 예

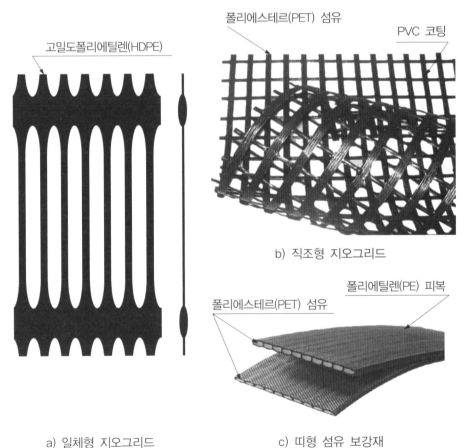

a) 일체형 지오그리드   c) 띠형 섬유 보강재

b) 직조형 지오그리드

해설그림 3.4 토목섬유(geosynthetics) 보강재의 예

띠형 섬유 보강재(polymer strip reinforcement)는 해설그림 3.4 c)에서와 같이 폴리에스테르 섬유 다발을 폴리에틸렌으로 피복한 형태로, 내부의 폴리에스테르 섬유는 보강재의 인장강도를 결정하고 외부의 폴리에틸렌 피복은 보강재의 외형을 형성하고 내부의 폴리에스테르 섬유를 보호하는 역할을 하며, 표면에 요철을 두어 흙과의 결속력을 증가시켰다. 토목섬유 지오그리드로는 고밀도폴리에틸렌 시트를 천공한 후 일축 또는 이축 방향으로 연신한 일체형 지오그리드(해설그림 3.4 a) 참조)와 직조된 폴리에스테르 섬유를 PVC 또는 에폭시로 피복한 직조형 지오그리드(해설그림 3.4 b) 참조)가 사용되고 있다.

(2) 보강재 포설면적비, R_c

해설그림 3.5에서와 같이 띠형 보강재는 보강재층이 전체면적을 덮지 못하므로, 설계 시에 포설면적비(coverage ratio), R_c를 고려한다. 전체면적에 대하여 포설되는 시트(sheet)형 및 그리드(grid)형 보강재의 경우에는 $R_c = 1$이다.

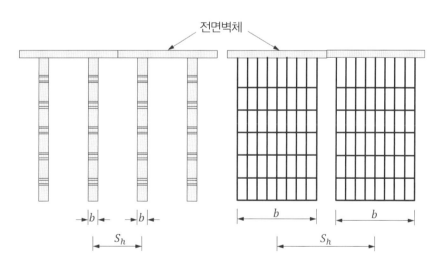

해설그림 3.5 보강재 포설면적비, R_c

$$R_c = b/S_h \hspace{4cm} \text{해설식 (3.1)}$$

여기서, b : 보강재 폭(m)

S_h : 보강재 중심축 사이의 수평간격(m)

(3) 보강재로써 갖추어야 할 조건

보강재는 흙과의 결속력을 효과적으로 얻을 수 있는 형상을 가져야 하며 기본적으로 보강토옹벽용 보강재는 다음 요건을 만족하여야 한다.

- **인장강도** : 작용하는 토압에 대하여 파단이 일어나지 않도록 인장강도가 충분하여야 한다.
- **인장변형률** : 보강토옹벽의 변형을 고려하여 일정 변형률(5%) 이내의 값에서 보강재의 장기인장강도(T_l)가 발현될 수 있어야 한다. 즉, 강도감소계수($RF = RF_D \cdot RF_{ID} \cdot RF_{CR}$)를 적용하여 산정한 토목섬유 보강재의 장기인장강도(T_l)는 5% 신장 시 인장강도보다 크지 않아야 한다.
- **마찰계수** : 상재 유효응력에 의한 보강재의 마찰저항력이 수평토압에 충분히 저항하여야 한다.
- **시공손상** : 보강토옹벽에 사용되는 보강재는 시공 중에 발생하는 손상이 보강토옹벽의 안정성에 영향을 미쳐서는 안 된다. 일반적으로 PVC 또는 에폭시로 코팅된 지오그리드(geogrid)형 보강재의 경우에는 시공손상에 의한 영향을 최소화하기 위하여 뒤채움재의 최대입경을 19mm 이하로 제한한다. 이보다 더 큰 입경의 뒤채움재를 사용하고자 할 때는 현장내시공성시험을 통해 시공손상의 정도를 평가한 후 설계 및 시공에 반영하여야 한다.
- **내구성** : 화학, 물리 및 생화학적 작용에 대해 내구성을 지녀야 하며, 보강토옹벽의 설계수명 동안은 요구되는 성능이 유지되어야 한다.
- **금속 보강재의 방식처리** : 금속성 보강재는 흙 속에서 부식될 수 있으므로 적절한 방식처리가 필요하며, 일반적으로 두께 $86\mu\text{m}$ 이상의 아연도금을 요구한다.

해설그림 3.6에서는 토목섬유 보강재의 인장강도－인장변형률 곡선의 예를 보여주며, 4
개의 보강재의 파단 시 인장강도는 100kN/m로 같지만, 파단 시의 변형률과 인장강도－
인장변형률 곡선은 다르다. 특히, C와 D의 경우, 파단 시 인장강도와 인장변형률이 같지
만, 인장강도－인장변형률 곡선은 차이가 크다. 이럴 때, 재질과 제조방법이 같더라도
같은 장기인장강도(T_l)를 사용하는 것에는 문제가 있어 보인다.

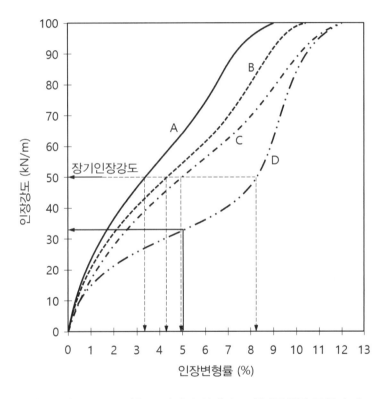

해설그림 3.6 토목섬유 보강재의 인장강도－인장변형률 곡선의 예

토목섬유 보강재의 내구성, 내시공성, 크리프 특성에 대한 감소계수를 각각 1.1, 1.1, 1.6
으로 적용하는 경우, 총 감소계수는 $RF = RF_D \times RF_{ID} \times RF_{CR} = 1.1 \times 1.1 \times 1.6 = 1.936$
이며, 편의상 총감소계수 2.0을 적용하면, 해설그림 3.6에서 보강재의 장기인장강도 발생
시 변형률은 각각 3.3%, 4.3%, 4.9%, 8.2% 정도이다. 본 설계기준 3.1.2. (2) ②항에서

"장기인장강도 발생 시 변형률은 5% 이내이어야 한다."라고 규정하고 있으므로, A, B, C의 경우, 산정된 장기인장강도를 적용할 수 있지만, D의 경우에는 장기인장강도 발생 시 변형률이 5%를 초과하므로 그대로 적용할 수는 없고, 변형률 5%에 해당하는 인장강도를 장기인장강도(T_l)로 사용해야 한다.

2) 보강재의 장기설계인장강도

보강재의 장기설계인장강도(T_a)는 해설식 (3.2)와 같이 결정한다.

$$T_a = \frac{T_l}{FS}$$

해설식 (3.2)

여기서, T_a : 장기설계인장강도(kN/m)

T_l : 보강재의 장기인장강도(kN/m)

FS : 안전율(해설표 3.1 참조)

안전율(FS)은 구조물의 형상과 뒤채움재의 특성, 보강재 특성, 외부 작용하중 등의 불확실성 및 구조물의 중요도를 고려하여 적용한다. 토목섬유 보강재의 경우에는 $FS = 1.5$를 사용하며, 강재 띠형(steel strip) 보강재와 연성벽면에 연결된 강재 그리드(steel grids)형 보강재의 경우에는 $FS = 1.82(= 1/0.55)$를 사용한다. 콘크리트 패널이나 블록에 연결된 강재 그리드(steel grid)형 혹은 강재 봉(steel bar)형 보강재의 경우에는 국부적인 과응력이 발생할 가능성이 있으므로 $FS = 2.08(= 1/0.48)$을 사용한다.

해설표 3.1 보강재 종류에 따른 안전율

보강재 종류	안전율
강재 띠형 보강재	1.82
강재 그리드형 보강재	2.08
토목섬유 보강재	1.50

(1) 금속성 보강재의 장기인장강도

금속성 보강재의 장기인장강도(T_l)는 내구연한에 따른 부식두께를 제외한 나머지 두께에 대해서 해설식 (3.3)을 이용하여 산정한다.

$$T_l = \frac{F_y A_c}{b}$$

해설식 (3.3)

여기서, T_l : 금속성 보강재의 장기인장강도(kN/m)

  A_c : 장기부식두께를 고려한 보강재의 단면적(m²)

  F_y : 보강재의 항복강도(kPa)

  b : 보강재 폭(m)

금속 보강재는 흙 속에서 부식되기 쉬우므로, 부식에 대한 저항력을 높이기 위하여 표면에 최소 86μm 두께로 아연도금 처리를 해야 한다. 흙 속에 묻힌 아연 도금된 금속 보강재의 부식속도는 최초 2년간은 15μm/year, 그 이후에는 4μm/year, 아연도금이 완전히 손실된 이후에는 12μm/year를 적용한다.

따라서 86μm 두께의 아연도금은 최소 16년간 모두 소실되며, 보강토옹벽의 설계수명 75~100년의 나머지 기간에 1.42~2.02mm 두께의 보강재 단면손실이 발생할 수 있으므로, 이러한 부식두께를 제외한 나머지 단면(A_c)에 대하여 장기인장강도(T_l)를 산정해야 한다.

(2) 토목섬유 보강재의 장기인장강도

토목섬유 보강재는 생·화학적인 내구성, 내시공성 그리고 장기적인 크리프(creep) 특성을 고려한 감소계수를 적용하여 해설식 (3.4)와 같이 장기인장강도(T_l)를 산정한다.

$$T_l = \frac{T_{ult}}{RF}$$

해설식 (3.4)

$$RF = RF_{CR} \times RF_D \times RF_{ID}$$

해설식 (3.5)

여기서, T_{ult} : 토목섬유 보강재의 극한인장강도(kN/m)

RF_{CR} : 크리프 파단에 대한 감소계수(해설표 3.2 참조)

RF_D : 생·화학적 내구성에 대한 감소계수($\geq$1.1)

RF_{ID} : 시공손상에 대한 감소계수($\geq$1.1)

해설표 3.2 토목섬유 재질별 크리프(creep) 감소계수의 일반적인 범위

폴리머(polymer) 종류	크리프 감소계수, RF_{CR}
폴리에스테르(polyester, PET)	2.5~1.6
폴리프로필렌(polypropylene, PP)	5.0~4.0
폴리에틸렌(polyethylene, PE)	5.0~2.5

항목별 감소계수는 보강재 제조사에서 제공하는 것이 일반적이며, 공신력 있는 기관에서 수행한 시험결과를 통해 산정한다. 시험결과로부터 산정된 생·화학적 내구성에 대한 감소계수(RF_D) 또는 시공손상에 대한 감소계수(RF_{ID})가 1.1보다 작은 경우에는 감소계수로 1.1을 사용하고, 1.1보다 큰 경우에는 산정된 값을 감소계수로 사용해야 한다. 또한 시험결과로부터 산정된 크리프에 대한 감소계수(RF_{CR})가 해설표 3.2에 제시된 종류별 최소값보다 작은 경우에는 최소값을 크리프 감소계수로 사용하고, 최대값과 최소값 사이 값이면 산정된 값을 크리프 감소계수로 사용해야 하며, 산정된 크리프 감소계수가 해설표 3.2에 제시된 최대값보다 큰 보강재를 사용해서는 안 된다.

설계도서에 적용된 항목별 감소계수를 검토한 결과 시험값의 신뢰도가 높지 않으면, 토질 및 기초 분야 전문가의 확인하에 앞의 추천값을 참고하여 감소계수를 결정한다. 이때 감소계수 중 시공손상에 대한 감소계수(RF_{ID})와 크리프 파단에 대한 감소계수(RF_{CR})에 대한 산정방법은 다음을 참고한다.

가. 시공손상에 대한 감소계수(RF_{ID})

입경이 19mm를 초과하는 흙을 뒤채움재료로 사용하고자 할 때는 시공손상의 정도를 평가하기 위한 현장내시공성시험을 시행하여 시공손상에 대한 감소계수를 산정한다 (Elias, 2000; Elias 등, 2001; 조삼덕 등, 2005). 참고로 시공손상에 대한 현장시험 방법은 'ASTM D 5818' 등을 참조할 수 있다(조삼덕 등, 2005).

AASHTO(2020)에서는 현장내시공성시험결과로부터 얻어진 시공손상에 대한 감소계수가 1.7 이하일 것으로 요구한다. 따라서 현장내시공성시험으로부터 얻어진 시공손상에 대한 감소계수(RF_{ID})가 1.7 이상인, 보강재와 뒤채움재료의 조합은 사용을 지양한다. 시공손상에 대한 감소계수의 일반적인 범위는 다음 해설표 3.3과 같다.

해설표 3.3 시공손상에 대한 감소계수의 일반적인 범위(Elias, 2000)

No.	Backfill / Geosynthetics	Reduction Factor, RF_{ID}	
		Type 1 Backfill Max. Size 102mm D_{50} about 30mm	Type 2 Backfill Max. Size 20mm D_{50} about 0.7mm
1	HDPE uniaxial geogrid	1.20~1.45	1.10~1.20
2	PP biaxial geogrid	1.20~1.45	1.10~1.20
3	PVC coated PET geogrid	1.30~1.85	1.10~1.30
4	Acrylic coated PET geogrid	1.30~2.05	1.20~1.40
5	Woven geotextiles (PP&PET)[1]	1.40~2.20	1.10~1.40
6	Non woven geotextiles (PP&PET)[1]	1.40~2.50	1.10~1.40
7	Slit film woven PP geotextile[1]	1.60~3.00	1.10~2.00

(1) Minimum weight 270g/m² (7.9oz/yd²)

나. 크리프(creep) 파단에 대한 감소계수(RF_{CR})

크리프(creep) 파단에 대한 감소계수 산정 방법은 KS K ISO/TS 20432에 따른다. 단,

발주자와 협의하면 KS K ISO/TS 20432에 제시된 시간-온도 중첩법(TTS) 및 단계등온법(SIM)을 이용하여 산정할 수 있다. 이때 시험결과로부터 얻어진 크리프 감소계수(RF_{CR})가 앞의 해설표 3.2에서 제시된 최소값보다 작은 경우에는 최소값을 적용해야 하며, 최대값보다 큰 보강재를 사용해서는 안 된다.

3.1.3 뒤채움재료

(1) 뒤채움재료는 KCS 11 80 10 (2.1.3)을 따른다.
(2) 보강토옹벽의 장기적인 안정성을 검토하는 경우 뒤채움 흙의 전단강도정수는 유효 전단강도정수(c', ϕ')를 사용한다.

해설

1) 뒤채움재료의 조건

뒤채움재료는 보강토옹벽의 성능에 큰 영향을 미치므로 설계에 적용된 뒤채움재료의 전단저항각, 입도 기준, 소성지수(PI), 다짐관리 기준 등을 설계도서에 명확하게 규정하여야 한다.

표준시방서 KCS 11 80 10 (2.1.3)에 규정된 보강토옹벽 뒤채움 흙의 일반적인 성질은 다음과 같다.

① 흙과 보강재 사이의 마찰효과가 큰 재료로서 KS F 2343의 직접전단시험 결과, 내부 마찰각이 설계도서에서 제시한 값 이상인 토질일 것

② 배수성이 양호하고 함수비 변화에 따른 강도특성의 변화가 적으며, 소성지수(PI)가 6 이하인 흙일 것

③ 보강재의 내구성을 저하시키는 화학적 성분이 적은 흙일 것

④ KS F 2103에 의하여 산도(pH)는 5~10 범위에 있어야 한다.

⑤ 보강토체가 수중에 있는 경우는 No.200체 통과량을 5% 미만으로 제한하고, 배수가 잘 되는 재료를 이용한다.

(1) 뒤채움재료의 입도 기준

표준시방서 KCS 11 80 10 (2.1.3)에 규정된 보강토옹벽 뒤채움 흙의 입도 기준은 해설표 3.4와 같다.

해설표 3.4 보강토 뒤채움 흙의 입도(KCS 11 80 10 : 2021 보강토옹벽)

체 눈금 크기(mm) (체 번호)	통과 중량백분율(%)	비고
102	100	
0.425 (No.40)	0~60	
0.08 (No.200)	0~15	

① 예외규정 : No.200 통과율이 15% 이상이더라도 0.015mm 통과율이 10% 이하이거나 또는 0.015mm 통과율이 10~20%이고 내부마찰각이 30° 이상이며 소성지수(PI)가 6 이하면 사용이 가능하다.
② 뒤채움재료의 최대입경은 102mm까지 사용할 수 있으나, 시공 시 손상을 입기 쉬운 보강재를 사용하는 경우에는, 최대입경을 19mm로 제한하거나, 시공손상 정도를 평가하는 것이 바람직하다.

(2) 뒤채움재료의 최대입경

일반적으로 보강토옹벽 뒤채움재료는 최대입경 102mm까지 사용할 수 있으나, PVC 또는 에폭시로 코팅된 직조형 지오그리드와 연신형 지오그리드와 같이 시공손상을 받기 쉬운 보강재의 경우에는 최대입경을 19mm 이하로 제한할 수 있다. 이러한 보강재를 최대입경 19mm 이상의 뒤채움재료와 함께 사용해야 할 때는 반드시 현장내시공성시험을 수행하여 시공손상의 정도를 평가한 다음 설계 및 시공에 반영하여야 한다.

반면, 강재 띠형 보강재 또는 띠형 섬유 보강재와 같이 시공손상의 영향이 적은 보강재를 사용할 때는 뒤채움재료의 최대입경을 250mm까지 확대하여 적용할 수도 있으며, 이러한 경우에도 반드시 현장내시공성시험을 수행하여 시공손상의 정도를 평가하여 설계 및 시공에 반영하여야 한다.

(3) 뒤채움 흙의 소성지수, PI

보강토옹벽 뒤채움재로 사용하는 흙의 소성지수(PI)가 크면 장기적인 크리프(creep) 변형의 발생 가능성이 커지며, 시공 완료 후에도 지속해서 변형이 발생하여 보강토옹벽의 사용성에 영향을 미칠 수 있다. 따라서 보강토옹벽 뒤채움재로 사용하는 흙은 소성지수 (PI) 6 이하인 흙을 사용해야 한다.

(4) 현장내시공성시험

현장내시공성시험은 해설그림 3.7에서와 같이 보강토옹벽 시공에 사용할 보강재와 뒤채움재료에 대하여 현장조건과 같은 조건(다짐장비, 다짐 횟수 등)으로 시험시공한 후 보강재 시편을 채취하여 사용되지 않은 보강재 시편과 인장강도의 변화를 비교함으로써 시공손상에 대한 감소계수(RF_{ID})를 얻을 수 있다.

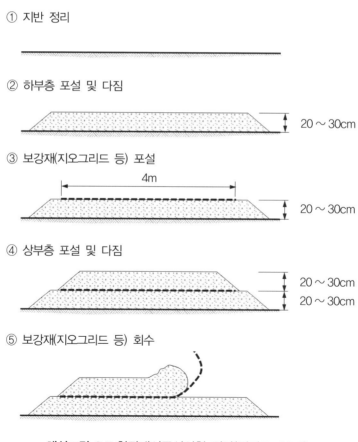

해설그림 3.7 현장내시공성시험 절차(김경모, 2019)

2) 흙의 설계 전단저항각

장기적인 안정성을 검토할 때는 흙의 유효응력이 전단강도를 지배하며, 따라서 배수조건 상태에서 실시한 시험결과를 이용하여야 한다. 만약 시공 중에 배수속도보다 빨리 시공하는 단기 안정성 검토를 수행할 때는 비배수전단강도를 이용하여야 한다.

일반적으로 뒤채움재료는 건설현장 주변에서 구할 수 있는 재료를 사용하며, 다짐정도에 따라서 확보되는 전단강도는 차이가 있다. 하지만 좋은 재료를 사용하여 다짐하더라도 불확실성을 고려하여 설계에서는 40° 이상의 전단저항각 값은 사용하지 않아야 한다.

CHAPTER 04

설 계

설 계

4.1 설계일반사항

4.1.1 보강토옹벽 적용기준

(1) 보강재의 길이는 전면벽체 기초부터 벽체높이의 0.7배 이상이어야 하며 최소 2.5m 보다 길어야 한다. 실제 보강재 길이는 상재하중과 외력, 보강재와 뒤채움과의 마찰 저항력을 고려하여 최종적으로 결정한다.

(2) 두 벽체의 교차각이 70° 이하인 우각부 및 곡선부의 설계는 되도록 피해야 한다. 다만 두 벽체의 교차각이 70° 이하인 우각부 또는 곡선부의 설계가 불가피한 경우, 두 벽체 사이의 간격이 (1)항에 의하여 결정된 소요 보강재 길이보다 작은 부분은 두 벽체의 보강재를 서로 연결하도록 설계하고 정지토압계수를 적용하여 그림 4.1-1 과 같이 내적안정성을 검토하여야 한다.

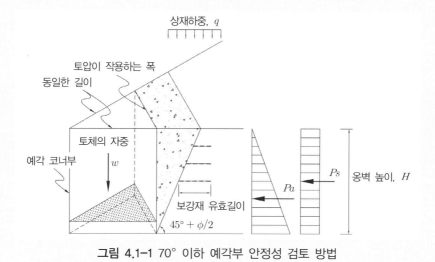

그림 4.1-1 70° 이하 예각부 안정성 검토 방법

(3) 보강재의 설치길이는 전체높이에 걸쳐 동일하게 하며, 특별한 하중조건이나 목적을 위해서 상부나 하부의 보강재 길이를 길거나 짧게 할 수 있다.

(4) 보강재의 수직설치간격은 0.8m를 초과하지 않도록 하고, 최상단 보강재의 설치 위치는 전면벽의 최상부 표면에서 0.5m 이내로 한다.

(5) 저항영역 내로 설치되는 보강재의 길이는 최소 1.0m 이상이 되어야 한다.

(6) 전면벽체는 기초지반 내로 최소 0.6m 이상 근입되어야 하며, 기초지반이 동상피해가 예상되는 경우는 동결심도 이상 근입시켜야 한다.

표 4.1-1 전면벽체 기초 근입깊이 추천값

벽체 저면지반의 경사	최소 근입깊이 (m)
수평(옹벽)	H/20
수평(교대)	H/10
3H : 1V	H/10
2H : 1V	H/7
3H : 2V	H/5

(7) 보강토옹벽이 경사지반에 설치되는 경우에는 벽체 전면에 최소 폭 1.2m 이상의 소단을 설치하여야 한다.

(8) 발주자의 요구 또는 현장 여건에 따라 다단식 보강토옹벽으로 설계할 경우에는 상하단 옹벽의 이격거리(소단 폭)를 고려한 안정해석을 수행하여 안전성을 확보하여야 한다.

① 산지관리법에 따른 산지에 계획된 높이 5m 이상의 보강토옹벽은 관련 법령에 따라 다단식으로 설계하는 것을 원칙으로 한다.

② 다단식 보강토옹벽 소단 폭은 배수층 설치 및 다짐 등 시공성과 시공 후 유지관리 편의성을 확보할 수 있도록 정하여야 한다.

해설

1) 보강재 최소길이

보강토옹벽에서 보강재의 길이가 $0.7H$(H는 보강토옹벽의 높이)보다 짧더라도 구조적 안정성에는 문제가 없는 예도 있으나, 일반적으로 보강재 길이의 비(L/H)가 작아지면 보강토옹벽의 변형량이 증가하는 경향이 있다. 해설그림 4.1에서 보강재 길이의 비(L/H)가 0.7에서 0.5로 작아지면 변형량은 1.5배 정도 증가한다. 따라서 보강재의 길이는 최소 $0.7H$ 이상으로 한다. 다만 양단옹벽(back-to-back wall)과 같이 배면토압이 작을 것으로 예상되는 경우에는 보강재 길이를 $0.6H$ 이상으로 할 수 있다(해설그림 4.2 c) 참조).

전면벽체 근처 1~2m 구간은 다짐 시 전면벽체의 과도한 변형의 발생을 방지하기 위하여 소형의 다짐롤러를 사용하는 것이 일반적이므로, 이 구간은 보강토옹벽 뒤채움에서 요구하는 95%의 다짐도를 얻기 곤란한 경우가 많다. 따라서 높이가 상당히 낮은 보강토옹벽의 경우에는 다짐장비의 폭을 고려하여 최소 2.5m 이상의 보강재 길이를 가지도록 설계한다.

실제 단면에서 보강재 길이는 보강토옹벽 상부의 성토조건이나 작용하는 하중조건 등에 따라서 구조적 안정성을 확보할 수 있는 적정한 길이로 설계해야 한다.

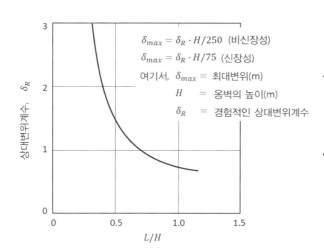

$$\delta_{max} = \delta_R \cdot H/250 \text{ (비신장성)}$$
$$\delta_{max} = \delta_R \cdot H/75 \text{ (신장성)}$$

여기서, δ_{max} = 최대변위(m)
H = 옹벽의 높이(m)
δ_R = 경험적인 상대변위계수

- 높이 6m인 보강토옹벽을 기준으로, 상재하중이 20kPa 증가할 때마다 상대변위가 약 25% 증가한다. 경험적으로 볼 때, 보강토옹벽의 높이가 높을수록 상재하중의 영향은 더 커질 수 있다.
- 실제 보강토옹벽의 변위는 흙의 특성, 다짐도 및 작업자의 기술 등에 따라 달라질 수도 있다는 점에 주목하라.

해설그림 4.1 시공 시 보강토옹벽의 변형을 추정할 수 있는 경험곡선(Christopher 등, 1990)

2) 보강재 길이의 변화

보강재는 벽체의 전체높이에 걸쳐 같은 길이와 간격으로 설치하는 것이 일반적이며, 다음의 경우에 보강재 길이를 변화시킨다.

① 벽체 상부의 큰 인발하중을 지지하거나, 지진하중(또는 충격하중)을 지지하는 경우
② 기초지반을 포함한 전체안정성을 위해 하부보강재 길이를 증가시키는 경우
③ 암반 또는 표준관입시험 N치가 50 이상인 견고한 지층을 굴착하고 보강토옹벽을 설치할 때는 굴착을 줄이기 위하여 하부보강재 길이를 $0.7H$보다 짧게 할 수 있다(최소 길이는 $0.4H$)(해설그림 4.2 d) 참조).

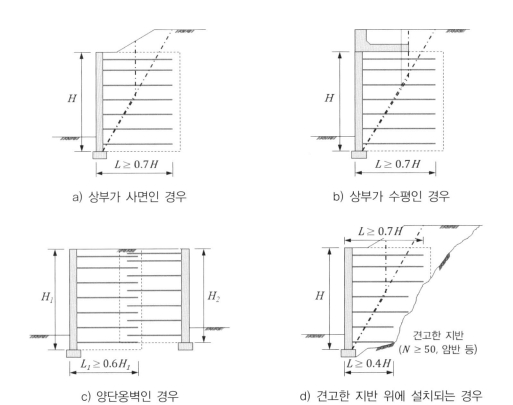

a) 상부가 사면인 경우   b) 상부가 수평인 경우

c) 양단옹벽인 경우   d) 견고한 지반 위에 설치되는 경우

주) 패널식의 경우 보강재 길이는 패널의 두께를 제외한다.

해설그림 4.2 보강재 최소길이(김경모, 2017)

④ 쏘일네일링, 앵커 등으로 보강된 비탈면의 전면에 설치하는 경우와 안정된 구조물 혹은 안정된 지반의 전면에 보강토옹벽을 설치할 때는 하부보강재 길이를 $0.7H$보다 짧게 할 수 있다(최소길이는 $0.3H$)(Berg 등, 2010)(해설그림 4.3 참조).

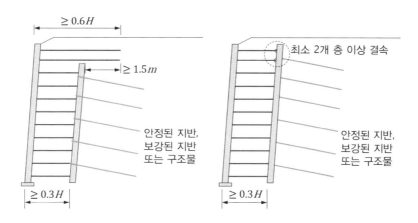

해설그림 4.3 안정된 지반의 전면에 설치되는 경우의 적용 방안(FHWA-NHI-10-024)

3) 보강재의 배치(수직간격)

보강토옹벽에서 보강재 자재비의 관점에서 보면 보강재의 수직간격을 최대한 넓게 하는 것이 경제적일 수 있다. 그러나 보강재의 수직간격이 너무 넓으면 시공 시 전면벽체의 안정성에 문제가 발생할 가능성이 클뿐만 아니라, 완성된 보강토 옹벽의 배부름이 발생할 가능성이 커진다. Ling 등(2005)의 연구결과에 따르면 보강재 수직간격이 넓을수록 보강토옹벽의 횡방향 변위가 커지는 경향을 나타내며, 보강재 길이의 영향보다 보강재 수직간격의 영향이 더 크다.

따라서 보강토옹벽에서 보강재의 수직설치간격은 최대 0.8m 이내로 하여야 하며, 블록 식 보강토옹벽에 대한 설계 매뉴얼인 NCMA(2010) 매뉴얼에서는 시공상의 안전성 및 전면벽체의 국부적인 안정성을 위하여 보강재 최대수직간격을 0.6m로 제안한다. 한편, 콘크리트 블록을 전면벽체로 사용할 때는 보강토옹벽의 시공성 유지와 장기 안정성 등을 위하여, 보강재의 최대수직간격이 콘크리트 블록 깊이(뒷길이)의 2배를 초과하지 않도록 한다.

전면벽체 상부의 전도, 활동 등을 방지하기 위해, 최상단 보강재의 설치 위치는 전면벽체 최상부 표면에서 0.5m 이내로 한다. 그러나, 최상단 보강재 상부의 전도 및 활동에 대해 상세한 입력자료를 바탕으로 해석한 결과, 안정성이 확보되는 것으로 평가될 때는 최상단 보강재의 설치 위치를 조정할 수 있다.

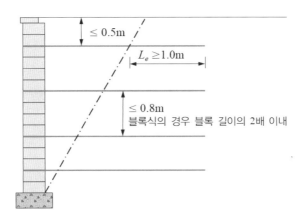

해설그림 4.4 보강재 수직설치간격 및 유효길이(김경모, 2017 수정)

4) 보강재 최소유효길이

일반적으로 토목섬유 보강재의 경우 보강재 인발파괴에 대한 안정성을 확보하기 위한 유효길이는 0.3m 이상이면 충분한 것으로 평가되고 있으나, 여러 가지 불확실성을 고려하여 가상파괴면 뒤쪽의 저항영역 내로 묻히는 보강재 유효길이는 최소 1.0m 이상이 되도록 설계해야 한다.

5) 근입깊이

보강토옹벽은 시공 완료 후 또는 사용 중 보강토옹벽 전면의 굴착이나 세굴 등에 따른 피해를 최소화하기 위하여 암반이나 콘크리트 위에 설치하는 경우를 제외하고 지반 속으로 최소 0.6m 이상 근입시켜야 한다. 이때 근입깊이는 전면벽체의 기초패드 상단에서 지반선까지의 깊이를 말한다.

특히, 경사지반에 설치할 때는 해설그림 4.5 b)에서와 같이 벽체 전면에 1.2m 이상 폭의 소단을 설치하고, 벽체 근입깊이는 0.6m 이상으로 설치하여야 한다.

또한, 동상의 피해가 예상될 때는 동결심도 이하로 묻히도록 해야 한다. 그렇지 않으면 지반을 일부 굴착하여 동상피해가 적은 자갈질 재료로 치환한 후 최소 근입깊이로 설치하는 방법도 있다.

보강토옹벽 완성 후 전면에 시설물의 설치 등을 위하여 굴착이 필요한 경우에는, 이러한 굴착이 보강토옹벽의 안정성에 영향을 미치지 않는 깊이까지 근입시켜야 한다.

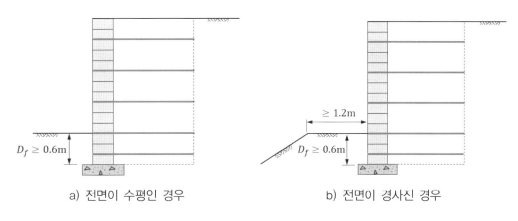

a) 전면이 수평인 경우   b) 전면이 경사신 경우

해설그림 4.5 보강토옹벽의 근입깊이(김경모, 2017 수정)

6) 다단식 보강토옹벽

보강토옹벽의 높이가 높은 경우에는 2단 이상의 다단식 보강토옹벽으로 설계 및 시공할 수 있다. 높이가 높은 보강토옹벽을 다단식 보강토옹벽으로 설계 및 시공하면, 전면벽체의 기초를 다시 설치함으로써 전면벽체에 작용하는 수직응력을 감소시킬 수 있고, 보강토옹벽의 누적변위를 감소시킬 수 있으며, 시공 시 수직선형의 관리에도 유리할 수 있다는 장점이 있다. 또한 상·하단 옹벽들 사이의 이격거리에 따라서 전체 벽면경사가 완만하게 됨으로써 보강토체 전체에 작용하는 토압이 감소할 수도 있다.

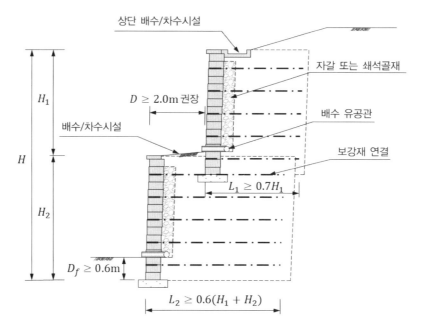

해설그림 4.6 다단식 보강토옹벽

(1) 보강재 길이

다단식으로 보강토옹벽을 설계하는 경우 최상단 옹벽의 보강재 길이는 최상단 옹벽 높이의 0.7배 이상이라야 하고, 2단부터는 그 윗단 보강토옹벽을 포함한 전체높이의 0.6배 이상이라야 한다. 즉,

최상단 : $L_1 \geq 0.7 H_1$
2단 : $L_2 > 0.6 (H_1 + H_2)$
n번째 단 : $L_n \geq 0.6 (H_1 + H_2 + \cdots + H_n)$

다단식 보강토옹벽 시공 시 소단 부분에서는 상단 옹벽의 근입깊이로 인하여 상, 하단 옹벽의 보강재 간섭 구간이 발생할 수 있으며, 해설그림 4.7 a)에서와 같이 하단 옹벽의 최상단 보강재를 누락시키는 경우가 있는데, 이럴 때 보강되지 않은 전면벽체의 높이가 과도하게 높아짐에 따라 상부전도(crest toppling)에 의하여 전면블록이 탈락하는 등의

피해를 입는 경우가 종종 발생하므로 해설그림 4.7 b)에서와 같이 하단 옹벽의 상단부에 도 반드시 전면벽체의 최상부 표면에서 0.5m 이내에 보강재를 설치하도록 하여야 한다.

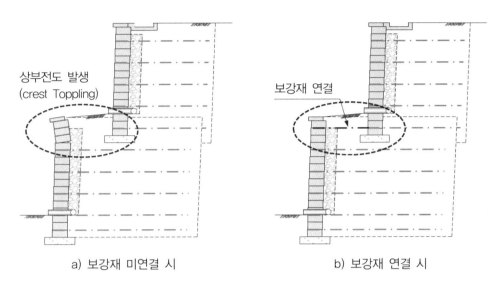

a) 보강재 미연결 시   b) 보강재 연결 시

해설그림 4.7 소단 상단부의 보강재 배치

(2) 소단의 이격거리

다단식 보강토옹벽에서 소단의 이격거리에 대하여 엄밀히 규정된 바는 없으나, 전면벽 체 배면에서 1~2m 구간은 다짐 시 전면벽체의 과도한 밀림을 방지하기 위하여 소형의 다짐 롤러를 사용한다는 점에서 장기적으로 침하의 발생 가능성이 있으므로, 어느 정도 이격거리를 두는 것이 좋다. 이때 소단의 이격거리(D)는 하단옹벽 전면벽체의 전면에서 상단옹벽 전면벽체의 전면까지의 거리로 정의한다(해설그림 4.6 참조).

다단식 보강토옹벽에서 소단부는 유지관리 시 점검로의 역할도 하므로 최소 2m 이상의 이격거리를 둘 것을 권고한다.

이격거리(D)가 짧을 때, 상단 옹벽의 콘크리트 기초패드(leveling pad)를 하단 옹벽의 전면벽체에 접속하여 타설하면, 장기적인 침하로 인해 하단 옹벽의 전면벽체에 영향을 미칠 수 있으므로, 상단 옹벽의 콘크리트 기초패드는 하단 옹벽 전면벽체와 분리하여 타설하여야 한다.

(3) 배수 및 차수시설

다단식 보강토옹벽에서는 1단 보강토옹벽과 마찬가지로 각 단별로 전면벽체 배면의 자갈 배수 필터층 하단에는 배수유공관을 두고, 옹벽 길이 방향으로 일정 거리(보통 20m)마다 유출구를 두어야 한다(해설그림 4.6 참조).

보강토옹벽 상단에는 지표수의 유입을 방지하기 위하여 경사를 두거나 배수 및 차수시설을 설치해야 한다.

다단식 보강토옹벽의 소단부에서 우수가 침투하여 피해를 입는 사례가 종종 발생하고 있으므로, 소단부에는 그 윗단 보강토옹벽의 배수유공관 유출구에서 배수되는 물과 지표수의 유입으로 인한 피해를 방지하기 위하여 배수 및 차수시설을 설치해야 한다. 해설그림 4.8에서는 다단식 보강토옹벽 소단부 처리 예를 보여준다.

a) 사면 처리　　　　　　　　　　b) 콘크리트 차수층

해설그림 4.8 다단식 보강토옹벽의 소단부 처리 예

(4) 2단 보강토옹벽의 안정성 검토

FHWA-NHI-00-043(Elias 등, 2001)에는 2단 보강토옹벽의 안정성 검토 방법에 대해서 다음과 같이 제시하고 있다.

2단 보강토옹벽의 이격거리(D)가 $H_2 \tan(90° - \phi_r)$보다 큰 경우에는 각각 별개의 옹벽으로 취급하여 안정성을 검토한다. 또한 이격거리(D)가 $(H_1 + H_2)/20$보다 작은 경우에는 높이 $H(= H_1 + H_2)$인 1단 보강토옹벽으로 안정성을 검토한다(해설그림 4.6 참조).

가. 외적안정성 검토

2단 보강토옹벽의 외적안정성 검토는 최상단부터 순차적으로 검토하며, 상단 보강토옹벽은 1단 보강토옹벽과 동일한 방법으로 저면활동, 전도에 대하여 검토한다.

하단 보강토옹벽의 지지력에 대한 안정성 검토 시에는 상단 보강토옹벽을 상재하중으로 고려하여야 하고, 저면활동, 전도 등의 일반적인 외적안정성 검토 대신, 보강재의 효과를 고려한 사면안정해석법을 사용하여 전체안정성 및 복합활동에 대한 안정성을 검토하여야 한다. 이때 검토 대상 단 위에 설치되는 보강토옹벽의 영향을 고려하여야 하며, 해설그림 4.9 b)에서와 같이, 보강토체 내부를 통과하는 활동면, 보강토체 내부와 배면을 동시에 통과하는 활동면, 보강토체 배면 및 하부를 통과하는 활동면 등 모든 가능한 활동면에 대하여 안정성을 검토해야 한다.

하단 보강토옹벽의 보강재 길이는 보강토체 하부와 뒤쪽 배면토 영역을 통과하는 활동면 중 전체안정성에 대한 최소안전율 1.5를 만족하는 경우의 보강재 길이로 산정한다.

나. 내적안정성 검토

2단 보강토옹벽의 내적안정성 검토를 위한 가상파괴면은 경험적으로 상, 하단 옹벽의 이격거리에 따라서 그림 4.10 a)와 같이 설정한다.

• 이격거리가 상당히 작은 경우 즉, $D \leq (H_1 + H_2)/20$인 경우에는 1단 옹벽으로 설계하고, 상단 옹벽은 단순히 이격거리만큼 이동시킨다.

• 이격거리가 상당히 큰 경우, 즉 $D > H_2 \tan(90° - \phi_r)$인 경우에는, 해설그림 4.10 a)의 Case III와 같이, 가상파괴면이 각각 독립적인 것으로 취급하고, 내적안정성 검토 시 상단 옹벽의 영향은 고려하지 않는다.

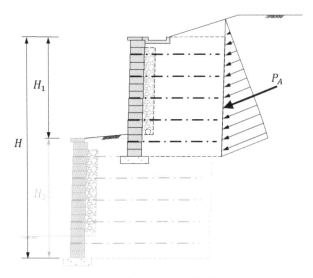

a) 최상단 보강토옹벽

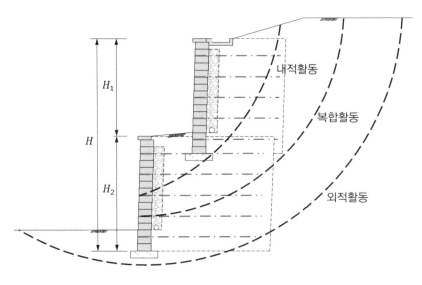

b) 아랫단 보강토옹벽

해설그림 4.9 다단식 보강토옹벽의 외적안정성 검토

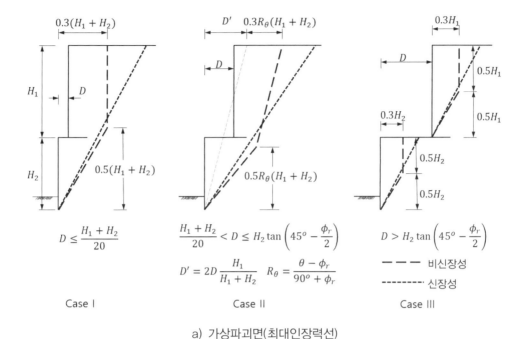

a) 가상파괴면(최대인장력선)

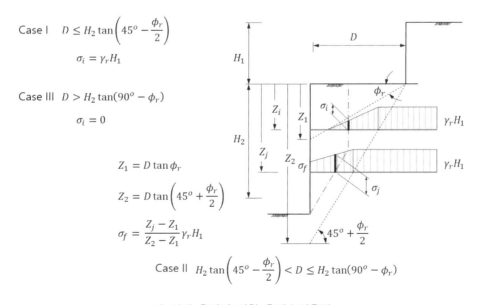

b) 상단 옹벽에 의한 추가수직응력

해설그림 4.10 2단 보강토옹벽의 내적안정성 검토 시 가상파괴면과 추가수직응력
(FHWA–NHI–00–043 수정)

• 이격거리(D)가 $(H_1 + H_2)/20 < D \le H_2\tan(90° - \phi_r)$인 경우에는 가상파괴면을 그림 4.10 a)의 Case II와 같이 설정하고, 그림 4.10 b)에서와 같이 각 보강재층에서 상단 옹벽에 의해 증가하는 수직응력을 고려한다.

(5) 3단 이상 다단식 보강토옹벽의 설계

가. 일반사항

FHWA 지침(Elias 등, 2001), 홍콩의 GEOGUIDE 6(GEO, 2002) 등에서 2단 옹벽에 대한 설계법은 제시되어 있으나, 3단 이상인 보강토옹벽의 설계 방법에 대해서는 구체적으로 제시되어 있지 않다.

개정된 FHWA 지침(FHWA-NHI-10-024; Berg 등, 2010)에 따르면 앞에서 설명한 2단 옹벽에 대한 설계방법을 2단 이상의 다단식 보강토옹벽에도 확장하여 적용할 수 있다. Wright(2005), Leshchinsky와 Han(2004)에 따르면 다단식 보강토옹벽의 설계에서 중요한 것은 상단에서 하단으로 순차적으로 설계하여 상단 옹벽의 하중이 하단 옹벽에 적절하게 누적될 수 있도록 하는 것이며, 바로 윗단 옹벽의 하중으로 인한 하단 옹벽의 각 보강재층에서 수직응력의 증가분을 계산하기 위하여 해설그림 4.10 b)의 방법을 적용할 수 있다.

3단 이상 다단식 보강토옹벽에서는 전체안정성(global stability)과 복합활동에 대한 안정성(compound stability)이 더욱 중요해지므로, 보강재의 효과를 고려한 사면안정해석법을 사용하여 발생할 수 있는 모든 활동면에 대하여 전체 및 복합활동에 대한 안정성을 검토해야 한다.

3단 이상 다단식 보강토옹벽의 경우에는 최상단에서 시작하여 하단 보강토옹벽으로 순차적으로 안정성을 검토하며, 이때 바로 윗단 보강토옹벽의 하중을 상재하중으로 고려하여야 한다.

나. 다단식 보강토옹벽의 설계에 대한 제안

현재까지는 3단 이상의 다단식 보강토옹벽을 설계할 수 있는 상용프로그램은 거의 없으며, MSEW 프로그램을 보강토옹벽의 설계에 많이 사용하고 있으므로, 이를 이용한 다단식 보강토옹벽의 설계방법을 제안하면 다음과 같다.

① 최상부 2단 보강토옹벽은 MSEW의 2단 옹벽 설계 방법에 따라 내적 및 외적안정성을 검토한다. 다만, 보강토옹벽 구조계산 프로그램이 2단 옹벽을 계산할 수 없다면, 최상단 옹벽부터 순차적으로 안정성을 검토하여 이때 상단 옹벽의 접지압(성토하중)을 하단 옹벽에 상재하중(등분포 사하중)으로 고려하고 1단 및 2단 옹벽 전체에 대하여 전체안정성 및 복합활동에 대한 안정성을 검토한다.

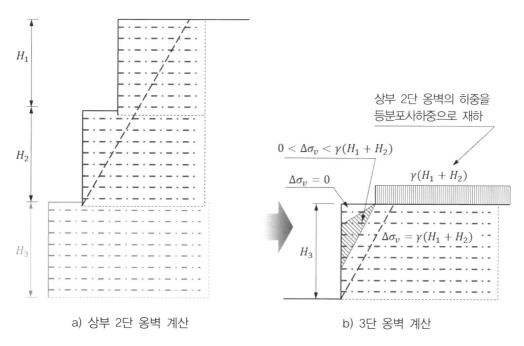

a) 상부 2단 옹벽 계산   b) 3단 옹벽 계산

해설그림 4.11 3단 이상 다단식 옹벽의 계산 방법 개요

② 해설그림 4.11에서와 같이, 앞에서 계산한 2단 보강토옹벽의 접지압(성토하중)을 그 아랫단(세 번째 단) 보강토옹벽의 상재하중(등분포 사하중)으로 고려하여 세 번째 단 보강토옹벽의 내적안정성을 검토하고, TALREN이나 SLOPE/W와 같은 보강재의 효과를 고려할 수 있는 사면안정해석 프로그램을 사용하여 외적안정성(전반활동에 대한 안정성)을 검토하여 최소안전율 1.5를 만족하는 보강재 길이를 산정한다. 이때 보강재 최소길이는 1～3단 옹벽 전체높이($H = H_1 + H_2 + H_3$)의 0.6배 이상이라야 한다.

③ 상기 ②의 방법을 반복하여 4단 이하 보강토옹벽에 대하여 내적 및 외적안정성을 검토한다.

④ 다단식 보강토옹벽 전체에 대하여, 사면안정해석 프로그램을 이용하여, 해설그림 4.12에서 보여주는 바와 같이 다양한 활동면에 대하여 복합활동파괴 및 전반활동파괴에 대한 안정성을 검토한다.

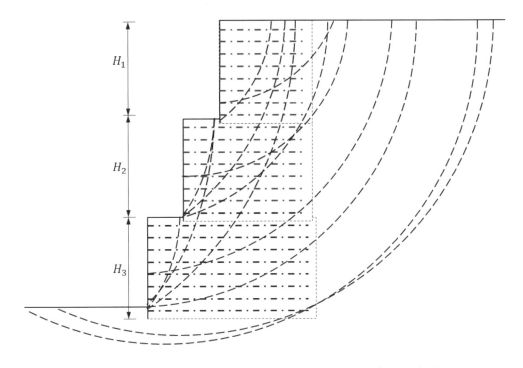

해설그림 4.12 복합활동 및 전반활동에 대한 검토 대상 활동면의 예

4.2 내진설계 여부

> (1) 일정규모 이상의 중요도가 있는 경우 또는 보강토옹벽의 상부나 하부에 파괴로 인한
> 피해 범위 내에 가옥이나 고정시설물이 있는 경우에는 필요에 따라 지진 시 안정성
> 검토를 수행한다.

해설

보강토옹벽의 경우라도 규모가 커서 파괴 시 복구가 어렵거나, 옹벽 자체의 파괴로 인하여 주변 고정시설물의 피해가 예상될 때는 내진해석을 수행하여 안정성을 검토하고 그에 따라 보완할 필요가 있다.

'KDS 11 80 15 콘크리트옹벽'에 따르면 콘크리트 옹벽은 다음에 해당하면 내진설계를 수행하도록 규정하고 있으므로, 보강토옹벽도 같은 기준을 적용한다.

① 「시설물의 안전관리에 관한 특별법 시행령」에 의해 2종 시설물로 분류되는 규모인 경우
② 콘크리트 옹벽 상부와 하부의 피해 범위 내에 내진설계를 요하는 주 구조물 또는 1, 2종 시설물이 있는 경우
③ 발주자가 요구하거나 설계자가 필요하다고 판단하는 경우

한편, 「시설물 안전관리에 관한 특별법 시행령」 제2조 1항에 따르면 지면으로부터 노출된 높이가 5.0m 이상인 부분의 합이 100m 이상인 옹벽은 2종 시설물로서 내진설계 대상이다.

경험적으로 볼 때, 교차각이 120° 이내인 반경이 작은 곡선부 또는 우각부의 경우, 직선부보다 코너부에서 손상을 입거나 분리되는 등 성능상의 문제 발생률이 높았다(AASHTO, 2020). 따라서 곡선부 또는 우각부에 시공되는 보강토옹벽은 반드시 내진설계를 해야 한다.

4.3 검토항목

(1) 보강토옹벽의 안정해석은 외적안정해석과 내적안정해석으로 구분하여 수행한다.
(2) 외적안정과 내적안정에서 검토하는 항목은 다음과 같다.
　① 외적안정 : 저면활동, 지지력, 전도, 전체안정성, 침하에 대한 안정성
　② 내적안정 : 인발파괴, 보강재 파단, 내적활동, 보강재와 전면벽체의 연결부 파단
(3) 보강토옹벽의 우각부 등의 경우에는 파괴조건 및 보강재에 작용하는 하중조건이 달라질 수 있으므로 이를 고려하여 설계한다.

해설

1) 보강토옹벽의 안정해석

보강토옹벽은 뒤채움 내부에 다층의 보강재를 삽입하고 다짐 시공하여 보강재와 흙 사이의 결속력으로 보강토체를 형성하여 일종의 중력식 옹벽의 역할을 하는 공법으로써 매우 다양한 역학적 메커니즘에 의해 기능을 수행한다. 따라서 보강토옹벽은 일반 옹벽과 같은 역할을 수행할 수 있는지에 대한 외적안정해석과 보강토체가 일체로 작용할 수 있는지에 대한 내적안정해석으로 구분하여 안정해석을 수행해야 한다.

2) 안정성 검토항목

보강토옹벽의 안정해석에서 고려하는 주요 파괴형태는 아래 해설그림 4.13과 같으며, 여기서 (a), (b), (c), (d)는 외적파괴형태, (e), (f), (g), (h)는 내적파괴형태이다.

보강토옹벽의 외적안정성 검토는 보강토체를 일체화된 구조물로 보고 일반 콘크리트옹벽에서와 동일하게 저면활동, 전도 및 지반지지력에 대한 안정성을 검토한다. 또한 보강토체를 포함한 전체사면활동에 대한 안정성도 검토해야 하며, 이때 보강토체 외부를 통과하는 활동면뿐만 아니라 보강토체와 배면토를 동시에 통과하는 활동면에 대해서도 안정성을 검토해야 한다. 기초지반이 연약한 경우에는 하부지반의 압축 침하로 인한 보강토옹벽의 안정성에 대해서도 검토해야 한다.

보강토체가 일체로 거동하기 위해서는 보강토체 내부에서 보강재가 인발되거나 파단되지 않아야 하며, 보강재층을 따른 활동파괴(내적활동)가 발생하지 않아야 한다. 또한 전면벽체와 보강재 연결부에서도 파단 또는 인발파괴가 발생하지 않아야 한다.

배수구조물 등과의 간섭의 영향으로 본 건설기준 KDS 11 80 10   4.1.1 (4)항의 "최상단 보강재의 설치 위치는 전면벽체의 최상부 표면에서 0.5m 이내로 한다."라는 규정을 지킬 수 없는 경우에는 해설그림 4.13 i)와 같은 상부전도(crest toppling)에 대한 안정성을 검토해야 한다.

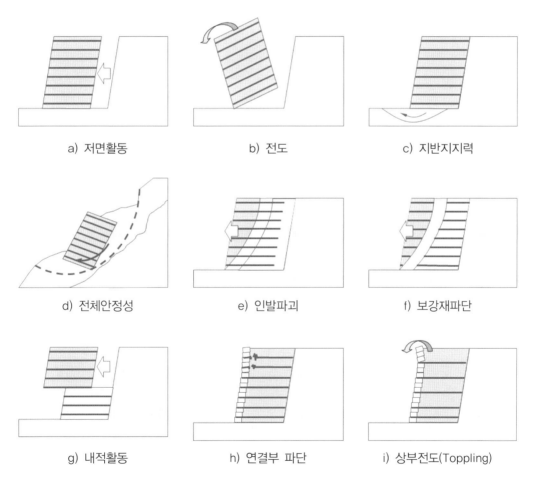

a) 저면활동	b) 전도	c) 지반지지력
d) 전체안정성	e) 인발파괴	f) 보강재파단
g) 내적활동	h) 연결부 파단	i) 상부전도(Toppling)

해설그림 4.13 보강토옹벽의 주요 파괴형태

3) 우각부 및 곡선부

보강토옹벽에서 특수한 패널이나 블록을 사용하여 보강토옹벽 중 각이진 부위를 우각부라 하고, 평면상에서 부드러운 곡선 형태를 한 부분을 곡선부라 한다.

이러한 우각부 또는 곡선부는 여러 가지 문제가 발생할 수 있으며 설계 및 시공 시에 세심한 주의가 필요하다.

(1) 우각부 및 곡선부 보강토옹벽의 문제점

보강토옹벽은 일종의 흙 구조물이기 때문에 벽면변위의 발생은 필연적이며((사)한국지반공학회, 1998), 해설그림 4.14 a)에서 보는 바와 같이, 보강토옹벽의 변형은 벽체의 형태에 상관없이 벽체 높이의 중앙 근처에서 가장 크게 발생하며, 직선부보다 곡선부에서 더 크게 발생한다. 또한 오목한 곡선부보다 볼록한 곡선부에서 더 큰 변형이 발생한다 (해설그림 4.14 b) 참조).

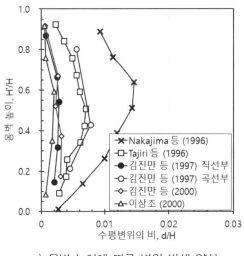

a) 옹벽 높이에 따른 변위 발생 양상

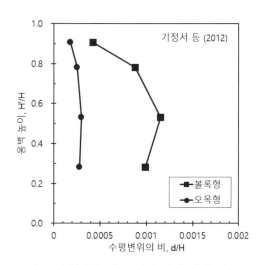

b) 곡선형태에 따른 변위 발생 양상 비교

해설그림 4.14 보강토옹벽의 변위 발생 양상

오목한 곡선부에서는 벽면변위가 진행됨에 따라 전면벽체 사이의 간격이 좁아져 결국에는 전면벽체에 압축력이 발생하고 이러한 전면벽체의 저항 때문에 변형이 제한된다. 반면, 볼록한 곡선부에서는 전면벽체 사이의 간격이 점점 넓어지지만, 오목한 곡선부에서와 같은 전면벽체의 추가 저항력의 발생이 없으므로, 변형이 커지면 전면벽체에 인장응력이 발생하고 결국에는 전면벽체의 균열로 이어질 수 있다(해설그림 4.15 참조).

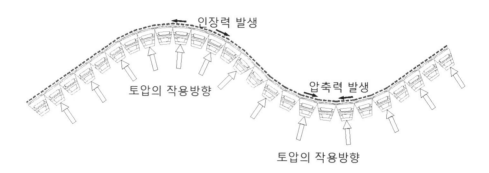

해설그림 4.15 곡선부 보강토옹벽의 변형에 대한 개요도(김경모, 2018)

보강토옹벽은 필연적으로 균열이 발생하지만, 보통은 그 폭이 작으며, 어느 정도의 손상이 발생한 경우에 균열의 발생을 수반하는 경우가 많다(국토해양부, 2013). 그러나 보강토옹벽에 과도한 변형이 발생하면 이러한 균열은 특정 부위에 집중적으로 발생할 수 있으며 결국에는 보강토옹벽의 국부적인 붕괴로까지 이어질 수 있다.

(2) 우각부 및 곡선부 보완 방안

보강토옹벽에서 변형량의 크기는 뒤채움재료의 특성 및 다짐도, 세립분 함유량, 함수비 등의 영향을 받는다. 그런데 우각부 및 반경이 작은 곡선부는 다짐장비의 진입이 곤란하여 보강토옹벽 뒤채움재의 다짐도 요구조건을 충족시키기 어려운 경우가 많으며, 특히 세립분의 함유량이 많고, 함수비가 높은 뒤채움재를 사용할 때는 더욱 다짐도를 얻기 어려워 변형이 과도하게 발생하는 피해를 입을 가능성이 크다. 또한 뒤채움 흙의 소성지수(PI)가 크면 장기적인 크리프(creep) 변형이 발생할 가능성이 크다.

가. 우각부 및 곡선부 뒤채움재료 선정 기준

보강토옹벽의 우각부 및 곡선부에서는 다짐이 어렵고, 뒤채움재에 세립분이 많으면 변형이 크게 발생할 수 있으므로 설계 및 시공 시 주의가 필요하다.

AASHTO(2012)에서는 두 벽체의 교차각이 120° 이내인 우각부 및 곡선부 보강토옹벽의 성능을 향상시키기 위하여 균등계수(C_U)가 4 이상인 흙을 사용할 것을 권고한다. 따라서 두 벽체의 교차각이 120° 이내인 우각부 및 반경이 작은 곡선부에서 피해를 줄이기 위해서는, No.200체 통과율이 15% 이하이고 균등계수(C_U)가 4 이상이며, 소성지수 PI가 6 이하인 양질의 사질토를 보강토옹벽 뒤채움재로 사용할 것을 권고한다.

또한 교차각이 120° 이내인 우각부 및 반경이 작은 곡선부에서는 다짐이 어려울 수 있으므로, 해설그림 4.16에서와 같이 블록 뒤의 자갈 배수/필터층의 폭을 옹벽 높이의 1/2까지 확장하여 포설하면 우각부 및 곡선부의 다짐 불량에 따른 피해를 줄일 수 있을 것이다.

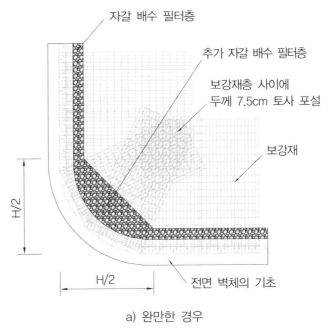

a) 완만한 경우

해설그림 4.16 우각부 및 곡선부 자갈 배수/필터층의 폭 확장 예(김경모, 2018)(계속)

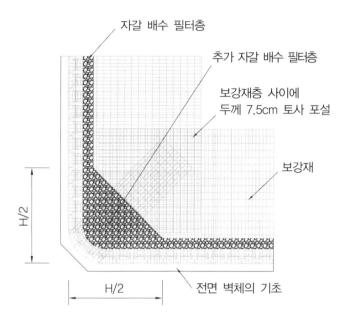

자갈 배수 필터층

추가 자갈 배수 필터층

보강재층 사이에
두께 7.5cm 토사 포설

보강재

H/2

H/2

전면 벽체의 기초

b) 직각인 경우

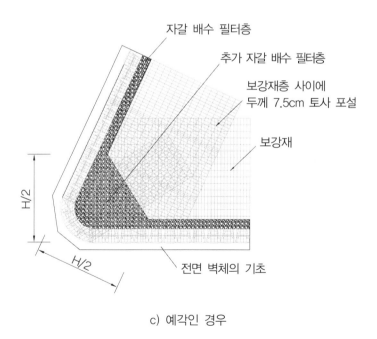

자갈 배수 필터층

추가 자갈 배수 필터층

보강재층 사이에
두께 7.5cm 토사 포설

보강재

H/2

H/2

전면 벽체의 기초

c) 예각인 경우

해설그림 4.16 우각부 및 곡선부 자갈 배수/필터층의 폭 확장 예(김경모, 2018)

나. 내진설계 여부

AASHTO(2020) LRFD에서는 옹벽의 우각부 및 곡선부의 교차각이 120° 또는 그 이하일 때 내진해석을 수행하도록 유도하고 있다.

따라서 두 벽면의 교차각이 120° 이내인 우각부 및 곡선부에 대해서는 지진 시의 안정성 검토를 수행하여야 한다.

다. 두 벽체의 교차각 70° 이내인 예각부의 안정성 검토

두 벽체의 교차각이 70° 이내인 우각부 및 곡선부의 설계는 되도록 피해야 한다. 다만 불가피한 경우에는 두 벽체 사이의 간격이 소요 보강재 길이보다 작은 부분은 두 벽체의 보강재를 서로 연결하도록 설계하고 정지토압계수(K_0)를 적용하여 내적안정성을 검토하여야 한다.

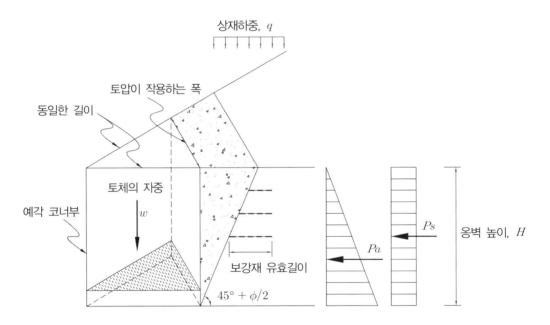

- $FS_{sliding(Acute\ Corner)} = \dfrac{W\tan\phi + R}{P_a + P_s} \geq 1.5$
- $P_a = \dfrac{1}{2}\gamma H^2 K_a \times$ 검토단면의 폭
- $P_s = qHK_a \times$ 검토단면의 폭
- R : 파괴면 배면 보강재 저항력의 합

해설그림 4.17 두 벽체의 교차각이 70° 이하인 예각부의 안정성 검토 방법(김경모, 2018)

두 벽체의 교차각이 70° 이내인 우각부 및 곡선부의 외적안정성 검토는 두 벽체 사이의 보강재가 서로 연결된 부분을 중력식 옹벽으로 가정하고, 그 배면의 주동토압에 대하여 저항할 수 있도록 설계하여야 한다. 또한 두 벽체 사이의 보강재가 서로 연결된 부분 배면의 주동영역 뒤쪽에 보강재 길이가 최소 1.0m 이상 확보되도록 설계하여야 한다(해설그림 4.17 참조).

4.4 안전율 기준

(1) 보강토옹벽의 안정해석에 적용하는 기준 안전율은 다음과 같다. 지진 시는 지진하중을 고려하여 검토한다.

표 4.4-1 보강토옹벽의 설계안전율

구분	검토항목	평상시	지진 시	비고
외적안정	활 동	1.5	1.1	
	전 도	2.0	1.5	
	지지력	2.5	2.0	
	전체 및 복합 안정성	1.5	1.1	비탈면에 설치된 옹벽이거나 다단식옹벽의 경우 복합안정성 검토
내적안정	인발파괴	1.5	1.1	
	보강재 파단	1.0	1.0	

* 전도에 대한 안정은 수직합력의 편심거리 e에 대한 다음 식으로도 평가할 수 있다.

평상시
$e \leq L/6$: 기초지반이 흙인 경우,
$e \leq L/4$: 기초지반이 암반인 경우

지진 시
$e \leq L/4$: 기초지반이 흙인 경우,
$e \leq L/3$: 기초지반이 암반인 경우

* 보강재 파단에 대한 안전율은 보강재의 장기설계인장강도를 적용하므로 1.0으로 한다.

해설

보강토옹벽에 대한 안정해석 항목 중 외적안정해석은 보강토체를 강제로 간주하여 콘크리트옹벽의 외적안정해석과 같은 방법으로 수행한다.

(1) 보강재 파단에 대한 안전율에 대한 주의사항

내적안정해석은 크게 보강재와 흙 사이의 마찰저항에 대한 부분과, 보강재 자체의 파괴에 대한 부분으로 구분한다. 보강재 파단에 대한 안전율은 층별 보강재의 최대유발인장력(T_{max})에 대한 장기설계인장강도(T_a)의 비율로 나타내며, 보강재의 장기설계인장강도(T_a)에는 보강재의 재질 및 형상별로 설정된 안전율(factor of safety, FS)가 포함되어 있다.

그런데 보강토옹벽의 구조계산을 위하여 사용하는 컴퓨터 프로그램 중에는 보강재 파단에 대한 안전율을 최대유발인장력에 대한 장기인장강도의 비(T_l / T_{max})로 나타내는 경우가 많으므로 계산 결과의 확인 시 주의가 필요하다. 이러한 컴퓨터 프로그램을 사용할 때는 해설표 3.1의 보강재 종류에 따른 안전율을 만족하는지 반드시 확인하여야 한다.

(2) 내적활동에 대한 안전율

본 설계기준 4.3 (2) ②에서 내적안정 검토항목에 내적활동(internal sliding)이 포함되어 있으나, 표 4.4-1에는 설계안전율이 제시되어 있지 않다.

한편, 내적활동은 보강토체 내부에서 보강재층을 따른 활동으로, 외적안정성 검토 시의 활동(저면활동)과 같은 파괴형태이지만, 흙과 보강재 사이의 마찰계수가 흙의 마찰계수보다 작아서 저면활동에 대한 안전율보다 내적활동에 대한 안전율이 더 작은 경우가 많다. 따라서 외적안정성 검토 시의 활동(저면활동)에 대한 안정성 검토 방법과 같은 방법으로 내적활동에 대한 안정성을 검토할 필요가 있으며, 이때 내적활동에 대한 기준안전율은 저면활동에 대한 기준안전율(평상시 1.5, 지진 시 1.1)을 적용한다.

4.5 외적안정해석

(1) 보강토옹벽의 외적안정해석은 보강토체를 중력식 옹벽으로 간주하여 다음의 각 항목에 대한 안정해석을 수행한다.

① 저면활동에 대한 검토

② 전도에 대한 검토

③ 지지력에 대한 검토

④ 전체안정성에 대한 검토

(2) 보강토옹벽은 사용성과 외관상 과도한 부등침하나 횡방향 변위가 발생하지 않아야 하며 보강토옹벽의 길이에 대한 부등침하량의 비율이 패널식 전면벽체의 경우 1% 이내, 블록식의 경우는 0.5% 이내가 되도록 하며, 이 범위를 초과하는 부등침하가 우려되는 경우에는 지반개량을 한다.

(3) 비교적 균등한 보강재 간격을 갖는 수직 보강토옹벽에서는 활동파괴면이 보강영역과 비보강 영역을 동시에 통과하는 복합활동파괴가 발생하지 않으나, 다음과 같이 복잡한 조건이 존재하는 경우 복합 안정성에 대한 검토가 고려되어야 한다.

① 보강재의 종류나 길이가 높이에 따라 변하는 경우

② 큰 상재하중이 작용하는 경우

③ 전면벽체가 경사진 구조의 경우

④ 보강토옹벽이 높은 비탈면 위에 위치하는 경우

⑤ 보강토옹벽 상부에 높이가 높은 쌓기비탈면이 계획된 경우

⑥ 2단 이상의 다단식 보강토옹벽이 설치될 경우

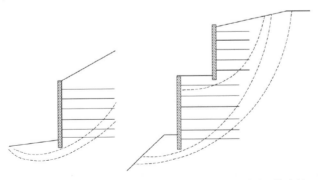

그림 4.5-1 복합 안정성 검토가 중요한 일반적인 예(계속)

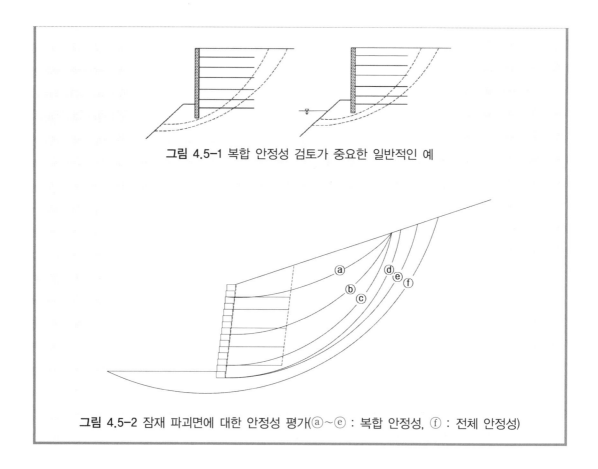

그림 4.5-1 복합 안정성 검토가 중요한 일반적인 예

그림 4.5-2 잠재 파괴면에 대한 안정성 평가(ⓐ~ⓔ : 복합 안정성, ⓕ : 전체 안정성)

해설

1) 외적안정해석

(1) 검토항목

외적안정해석은 보강토체 전체를 중력식 옹벽으로 간주한 후 활동, 전도, 지지력에 대한 안정해석과 전체안정성 검토를 수행한다. 가상배면은 보강토체와 배면토체 사이의 경계면으로 한다.

(2) 저면활동에 대한 안정성 검토

저면활동에 대한 안정성은 보강토체 배면에 작용하는 수평력에 대한 보강토체 바닥면의 저항력의 비율로서 다음과 같이 계산할 수 있다.

$$FS_{slid} = \frac{R_H}{P_H} \geq 1.5 \qquad\qquad\qquad \text{해설식 (4.1)}$$

$$R_H = \sum P_v \tan\delta_b + c_b L \qquad\qquad\qquad \text{해설식 (4.2)}$$

$$P_H = F_T \cos(\delta - \alpha) + P_{H1} + \cdots \qquad\qquad\qquad \text{해설식 (4.3)}$$

$$\sum P_v = V_1 + V_2 + F_T \cos(\delta - \alpha) + P_{V1} + \cdots \qquad\qquad\qquad \text{해설식 (4.4)}$$

$$F_T = P_a + P_q \qquad\qquad\qquad \text{해설식 (4.5)}$$

$$P_a = F_1 = \frac{1}{2}\gamma_b h^2 K_a \qquad\qquad\qquad \text{해설식 (4.6)}$$

$$P_q = F_2 = qh K_a \qquad\qquad\qquad \text{해설식 (4.7)}$$

여기서, FS_{slid} : 저면활동에 대한 안전율(보통 1.5)

$\quad\quad\quad R_H$: 보강토체 저면의 활동에 대한 저항력(kN/m)

$\quad\quad\quad P_H$: 보강토체 배면토압 등에 의한 활동력(kN/m)

$\quad\quad\quad \sum P_v$: 보강토체 저면에 작용하는 수직력의 합(kN/m)

$\quad\quad\quad F_T$: 배면토압(kN/m)

$\quad\quad\quad P_a$: 보강토체 배면의 주동토압(kN/m)

$\quad\quad\quad P_q$: 상재하중에 의한 주동토압(kN/m)

$\quad\quad\quad V_1$: 보강토체의 자중(KN/m)

$\quad\quad\quad V_2$: 상재성토의 자중 (kN/m)

$\quad\quad\quad P_{V1}$: 수직방향 상재하중(kN/m)

$\quad\quad\quad L$: 보강재 길이(m)

$\quad\quad\quad P_{V1}$: 수직방향 상재하중(kN/m)

$\quad\quad\quad P_{H1}$: 보강토체에 작용하는 수평하중(kN/m)

$\quad\quad\quad \delta$: 벽면마찰각(°)

$\quad\quad\quad \alpha$: 벽면의 경사(°)

$\quad\quad\quad \delta_b$: 보강토체의 하단과 기초지반 흙 사이의 마찰각(°)

$\quad\quad\quad c_b$: 보강토체 하단과 기초지반 사이의 점착력(kN/m²)

(3) 전도에 대한 안정성 검토

보강토옹벽의 전도에 대한 안정성 검토는 보강토옹벽의 선단을 중심으로 한 모멘트에 근거하며, 전도에 대한 안정성 평가식은 다음과 같다.

$$FS_{over} \ = \ \frac{M_R}{M_O} \geq 2.0 \qquad\qquad\qquad \text{해설식 (4.8)}$$

$$M_R \ = \ M_{W_r} + M_{W_s} + M_{P_{av}} + \ \cdots \qquad\qquad\qquad \text{해설식 (4.9)}$$

$$M_O \ = \ M_{P_H} \qquad\qquad\qquad \text{해설식 (4.10)}$$

여기서, M_R : 수직력에 의한 저항모멘트(kN-m/m)

$\qquad\quad FS_{over}$: 전도에 대한 안전율(보통 2.0)

$\qquad\quad M_O$: 수평력에 의한 전도모멘트(kN-m/m)

$\qquad\quad M_{W_r}$: 보강토체의 자중(W_R)에 의한 저항모멘트(kN-m/m)

$\qquad\quad M_{W_s}$: 상재 성토하중(W_s)에 의한 저항모멘트(kN-m/m)

$\qquad\quad M_{P_{av}}$: 배면토압의 수직성분에 의한 저항모멘트(kN-m/m)

$\qquad\quad M_{P_H}$: 배면토압의 수평성분에 의한 전도모멘트(kN-m/m)

또 다른 전도에 대한 안정성 평가 방법은 편심거리 e를 이용하는 방법으로, 보강토체 저면에서 합력 $\sum P_v$는 보강토체 저면의 중앙 1/3(암반의 경우 중앙 1/2) 이내에 있어야 한다. 즉,

$$e \ = \ \frac{L}{2} - \frac{\sum M}{\sum P_v} \quad \begin{cases} e \leq L/6 \ ; \ \text{토사지반} \\ e \leq L/4 \ ; \ \text{암반} \end{cases} \qquad\qquad \text{해설식 (4.11)}$$

여기서, e : 편심거리(m)

$\qquad\quad L$: 보강재 길이(m)

$\qquad\quad \sum M$: 모멘트의 합(kN-m/m)

$\qquad\quad \sum P_v$: 수직력의 합(kN/m)

(4) 지반지지력에 대한 안정성 검토

지반지지력에 대한 안정성 검토는 최하단 기초지반에 대해서 수행되며, 안전율 평가식은 다음과 같다. 이때 편심거리 e_{bear} 는 해설식 (4.11)의 편심거리 e 와는 다르며 보강토체 상부에 작용하는 상재활하중의 영향을 포함한다.

$$FS_{bear} \geq \frac{q_{ult}}{q_{ref}} \geq 2.5 \qquad\qquad \text{해설식 (4.12)}$$

$$q_{ult} = c_f N_c + 0.5\gamma_f(L-2e)N_\gamma + \gamma_f D_f N_q \qquad\qquad \text{해설식 (4.13)}$$

$$q_{ref} = \sigma_v = \frac{\sum P_v}{L - 2e_{bear}} \qquad\qquad \text{해설식 (4.14)}$$

$$e_{bear} = \frac{L}{2} - \frac{\sum M + M_{W_q}}{\sum P_v + W_q} \qquad\qquad \text{해설식 (4.15)}$$

여기서, q_{ult} : 기초지반의 극한지지력(kN/m^2)

$\qquad\quad FS_{bear}$: 지반지지력에 대한 안전율(보통 2.5)

$\qquad\quad q_{ref}$: 기초지반의 소요지지력(kN/m^2)

$\qquad\quad c_f$: 기초지반의 점착력(kN/m^2)

$\qquad\quad \gamma_f$: 기초지반의 단위중량(kN/m^3)

$\qquad\quad L$: 보강재의 길이(m)

$\qquad\quad e_{bear}$: 편심거리(m)

$\qquad\quad D_f$: 보강토옹벽의 근입깊이(m)

$\qquad\quad N_c, \ N_\gamma, \ N_q$: 지지력계수(해설표 4.1 참조)

$\qquad\quad \sum P_v$: 보강토체 바닥면에 작용하는 수직력의 합(kN/m)

$\qquad\quad \sum M$: 보강토체 선단에 대한 모멘트의 합(kN-m/m)

$\qquad\quad M_{W_q}$: 상재 활하중에 의한 저항모멘트(kN-m/m)

$\qquad\quad W_q$: 상재 활하중에 의한 하중(kN/m)

해설표 4.1 지지력계수(Vesic, 1973)

ϕ_f	N_c	N_q	N_γ	ϕ_f	N_c	N_q	N_γ
0	5.14	1.00	0.00	26	22.25	11.85	12.54
1	5.38	1.09	0.07	27	23.94	13.20	14.47
2	5.63	1.20	0.15	28	25.80	14.72	16.72
3	5.90	1.31	0.24	29	27.86	16.44	19.34
4	6.19	1.43	0.34	30	30.14	18.40	22.40
5	6.49	1.57	0.45	31	32.67	20.63	25.90
6	6.81	1.72	0.57	32	35.49	23.18	30.22
7	7.16	1.88	0.71	33	38.64	26.09	35.19
8	7.53	2.06	0.86	34	42.16	29.44	41.06
9	7.92	2.25	1.03	35	46.12	33.30	48.03
10	8.35	2.47	1.22	36	50.59	37.75	56.31
11	8.80	2.71	1.44	37	55.63	42.92	66.19
12	9.28	2.97	1.69	38	61.35	48.93	78.03
13	9.81	3.26	1.97	39	37.87	55.96	92.25
14	10.37	3.59	2.29	40	75.31	64.20	109.41
15	10.98	3.94	2.65	41	83.86	73.90	130.22
16	11.63	4.34	3.06	42	93.71	85.38	155.55
17	12.34	4.77	3.53	43	105.11	99.02	186.54
18	13.10	5.26	4.07	44	118.37	115.31	224.64
19	13.93	5.80	4.68	45	133.88	134.88	271.76
20	14.83	6.40	5.39	46	152.10	158.51	330.35
21	15.82	7.07	6.20	47	173.64	187.21	403.67
22	16.88	7.82	7.13	48	199.26	222.31	496.01
23	18.05	8.66	8.20	49	229.93	265.51	613.16
24	19.32	9.60	9.44	50	266.89	319.07	762.89
25	20.72	10.66	10.88	-	-	-	-

※ 지지력계수(Vesic, 1973)

$$N_q = \tan^2\left(45° + \frac{\phi}{2}\right)e^{\pi\tan\phi}$$

$$N_c = (N_q - 1)\cot\phi$$
$$N_\gamma = 2(N_q + 1)\tan\phi$$

해설식 (4.13)은 얕은기초의 지지력 공식과 같으며, 보강토옹벽에서는 특별한 경우가 아니면 제3항의 근입깊이 D_f의 영향을 고려하지 않는다. 무차원의 지지력계수 N_c, N_γ, N_q는 해설표 4.1에서와 같은 값을 사용할 수 있다(Elias 등, 2001; NCMA, 2010). 보강토옹벽 기초지반에 지하수위가 있거나 보강토옹벽 전면이 수평이 아닌 경우에는 이들의 영향을 고려하여야 한다.

(5) 전체안정성 검토

보강토옹벽을 포함한 전체사면활동에 대한 안정성을 검토해야 하며, 다음과 같은 경우에는 특히 주의하여 전체사면활동에 대한 안정성을 검토하여야 한다.

① 기초지반이 연약지반인 경우
② 보강토옹벽이 높은 비탈면 위에 위치하는 경우
③ 보강토옹벽 상부에 높이가 높은 쌓기비탈면이 계획된 경우
④ 2단 이상의 다단식 보강토옹벽
⑤ 우각부에 설치되는 보강토옹벽
⑥ 수변부에 설치되는 보강토옹벽 또는 지하수의 영향을 받는 보강토옹벽
⑦ 기타 사면활동이 발생할 가능성이 있다고 생각되는 경우

일반적으로, 보강재 수직 간격이 균등한 수직 보강토옹벽에서는 활동파괴면이 보강영역과 비보강영역을 동시에 통과하는 복합활동파괴가 발생하지 않을 수 있으나, 보강재의 종류나 길이의 변화가 있는 경우, 큰 상재하중이 작용하는 경우, 경사옹벽의 경우 등 보강토옹벽의 설치 조건에 따라 보강토체 내부로 활동파괴면이 통과할 수도 있으므로 보강토체와 배면토 영역을 동시에 통과하는 복합활동파괴도 고려해야 한다.

최근 기후변화로 인한 집중 강우 발생빈도가 높아지고 있으며, 강우 시 피해를 입는 사례가 늘어나고 있으므로, 필요시 KDS 11 70 05 (4.3.1)에 따라 우기 시의 안정성 검토를 수행한다.

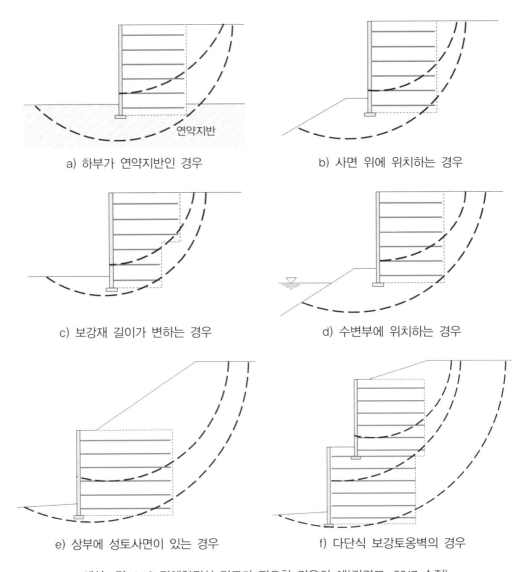

a) 하부가 연약지반인 경우   b) 사면 위에 위치하는 경우

c) 보강재 길이가 변하는 경우   d) 수변부에 위치하는 경우

e) 상부에 성토사면이 있는 경우   f) 다단식 보강토옹벽의 경우

해설그림 4.18 전체안정성 검토가 필요한 경우의 예(김경모, 2017 수정)

2) 침하에 대한 안정성 검토

(1) 침하량의 산정

보강토옹벽의 침하량은 전통적인 침하해석을 통하여 기초지반의 즉시침하, 압밀침하 등을 계산함으로써 산정할 수 있다.

일반적으로 보강토옹벽이 전체적으로 균등하게 침하가 발생한다면 보강토옹벽의 구조적인 안정에 영향을 미치지 않으나, 총침하량이 크면 여러 가지 요인에 의해 부등침하가 발생할 수 있으므로 이에 대한 고려가 필요하다.

보강토옹벽은 유연성이 큰 구조로 되어 있어 부등침하에 대한 저항이 크다고 평가되고 있으나, 구조적인 허용침하량을 초과하는 변위가 발생할 때는 전면벽체에 국부적인 변형(예로서, 전면벽체의 균열 등)이 발생할 수 있다.

(2) 침하에 대한 대책

일반적으로 예상 침하량이 75mm 이하면 별도의 처리 없이 보강토옹벽을 시공할 수 있으며, 예상 침하량이 300mm 이하면 상부 구조물을 시공하기 전에 일정 시간 동안 방치하여 침하가 발생한 다음 상부 구조물을 시공하면 침하 또는 부등침하에 따른 피해를 최소화할 수 있다.

예상 침하량이 300mm를 초과하면 기초지반을 치환하거나, 보강한 후 보강토옹벽을 시공해야 한다.

연약층의 깊이가 깊지 않을 때 치환공법을 적용할 수 있으며, 보강토옹벽 하부지반을 치환할 때, 해설그림 4.19 a)에서와 같이, 전면벽체의 기초패드 하부만 치환하는 경우가 있는데, 이러면 치환되지 않는 보강재 끝단부에 과도한 침하가 발생하여 횡방향 부등침하가 발생하고 보강토옹벽이 배면방향으로 기울어지는 등의 피해가 발생할 수 있으므로 주의해야 한다. 보강토옹벽은 보강토체 하부 전체가 지지면 이므로 하부지반의 치환이 필요한 경우에는 해설그림 4.19 b)에서와 같이 보강토체 하부 전체를 치환할 필요가 있다.

연약층의 깊이가 깊어 치환 또는 보강이 어려운 경우에는 프리로딩(preloading)에 의하여 미리 침하를 발생시킨 후 보강토옹벽을 설치할 수 있다. 프리로딩을 위한 충분한 공간의 확보가 어려워 프리로딩이 곤란한 경우에는, 해설그림 4.20에서와 같이, 부등침하에 대한 허용치가 큰 연성벽면을 가진 보강토체를 먼저 시공하여 침하를 발생시킨 후 전면벽체를 설치하는 단계시공법(staged construction 또는 분리시공법)을 적용할 수 있다.

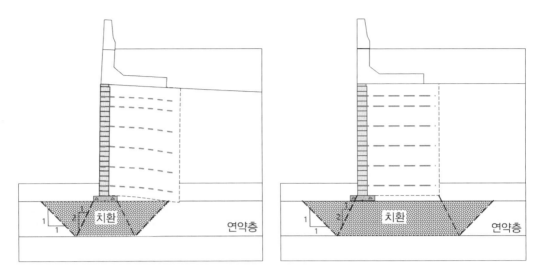

a) 전면벽체의 기초패드 부분만 치환하는 경우   b) 보강토체 하부 전체를 치환하는 경우

해설그림 4.19 보강토옹벽 치환 범위

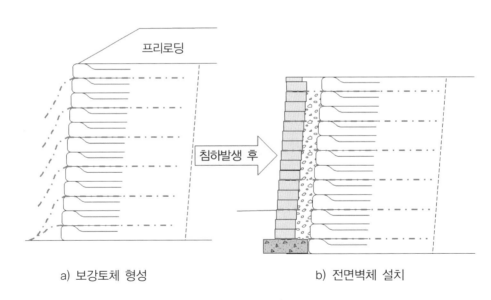

a) 보강토체 형성   b) 전면벽체 설치

해설그림 4.20 단계시공법(분리시공법) 개요도(김경모, 2017)

4.6 내적안정해석

(1) 보강토옹벽의 내적안정해석은 보강토체를 활동영역과 저항영역으로 나누고, 각각의 보강재에 발생하는 최대작용하중을 계산 후 보강재의 인장파괴와 보강재가 저항영역으로부터 빠져나오는지의 인발파괴에 대하여 검토한다.

(2) 파괴면은 각 보강재에 발생하는 최대인장력을 연결한 선이며 형상은 벽체저면에서 대수나선형태로 발생한다. 안정해석의 간편성을 위하여 직선 또는 이중직선으로 가정할 수 있다.

(3) 파괴면에서 각각의 보강재에 작용하는 최대유발인장력($T_{\max}$)은 각 보강재 위치에서 작용하는 수평토압계수와 보강재의 수직설치 간격을 고려하여 계산한다.

(4) 내적안정해석은 보강재의 장기설계인장강도(T_a)와 인발저항력(P_r)이 각각의 보강재 위치에서 구한 최대인발하중보다 커야 한다.

해설

1) 가상파괴면의 형태

보강토옹벽의 내적안정해석에서 보강토체를 활동영역과 저항영역으로 나누는 내적 파괴면(가상파괴면)의 형태는 층별 보강재의 최대 응력이 발생하는 위치를 연결하여 추정하며, 보강토체 내의 파괴형태는 기초 면에서 대수나선 형태에 가깝게 발생하는 것으로 알려져 있다.

실제 설계에서는 계산의 편의성을 위하여 내적파괴형태를 직선(linear) 또는 이중직선(bi-linear)의 형태로 가정하여 계산한다(해설그림 4.21 참조).

2) 가상파괴면의 가정

보강토옹벽의 가상파괴면의 형태는 보강재의 인장강도－변형률 특성에 따라 크게 2가지 파괴 형태로 가정할 수 있다.

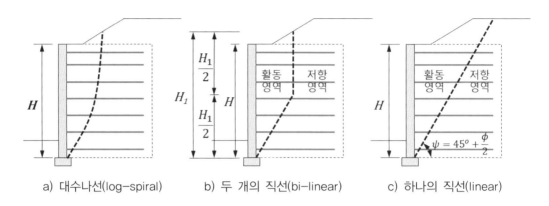

a) 대수나선(log-spiral)   b) 두 개의 직선(bi-linear)   c) 하나의 직선(linear)

해설그림 4.21 보강토체 내부의 파괴 형태(김경모, 2017)

금속재료와 같이 비교적 연신율이 작은 보강재(비신장성 보강재)의 경우에는 파괴 범위가 벽체 쪽에 가깝게 발생하는 경향을 나타내며, 이러한 경우에는 가상파괴면을 이중직선(bi-linear)으로 가정한다(해설그림 4.22 a) 참조).

반면, 토목섬유와 같은 신장성 보강재의 경우에는 옹벽의 주동파괴면과 유사한 파괴 형태를 나타내며, 이러한 경우에는 가상파괴면을 1개의 직선 형태로 가정한다(해설그림 4.22 b) 참조).

다만, 띠형 섬유 보강재의 경우에는 비록 토목섬유 재질의 보강재이기는 하지만 그 거동 특성이 비신장성 보강재와 유사하게 나타나므로 가상파괴면을 두 개의 직선으로 가정할 수도 있다.

보강토옹벽 상부에 L형 옹벽과 같은 구조물이 설치되는 경우, 상부 구조물의 폭이 보강토옹벽 상단에서 가상파괴면의 폭 보다 넓은 경우에는 해설그림 4.23과 같이 가상파괴면의 폭이 확장된다. 실무에서 상부 L형 옹벽 저판의 길이보다 보강재의 길이가 짧게 설계하는 경우가 종종 있는데, 이렇게 설계해서는 안 된다.

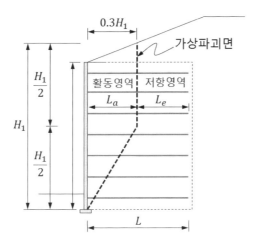

a) 비신장성 보강재

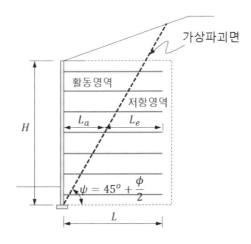

벽면경사 α ≥ 10°인 경우

$$\tan(\psi - \phi) = \frac{-\tan(\phi - \beta) + \sqrt{\begin{array}{c}\tan(\phi - \beta)[\tan(\phi - \beta) + \cot(\phi + \alpha)] \\ \times [1 + \tan(\delta - \alpha)\cot(\phi + \alpha)]\end{array}}}{1 + \tan(\delta - \alpha) \times [\tan(\phi - \beta) + \cot(\phi + \alpha)]}$$

b) 신장성 보강재

해설그림 4.22 보강토옹벽의 가상파괴면(Elias 등, 2001 수정)

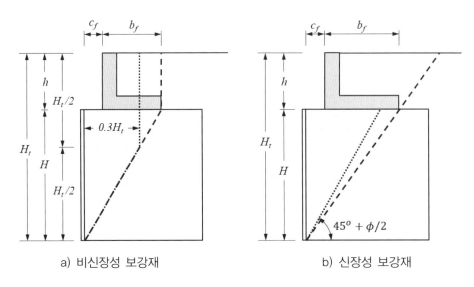

a) 비신장성 보강재   b) 신장성 보강재

해설그림 4.23 상부에 구조물이 있는 경우 가상파괴면의 변화

3) 보강재 최대유발인장력($T_{\max}$)의 계산

파괴면에서 보강재에 작용하는 최대유발인장력($T_{\max}$)은 각 보강재 위치에서 작용하는 수평토압(σ_H)과 보강재의 수직설치 간격(S_v)을 고려하여 다음 식과 같이 산정할 수 있다.

$$T_{\max} = \sigma_h \, S_v \hspace{4cm} \text{해설식 (4.16)}$$

$$\sigma_h = K_r(\sigma_v + \Delta\sigma_v) + \Delta\sigma_h \hspace{2cm} \text{해설식 (4.17)}$$

$$\sigma_v = \gamma_r \, Z + \sigma_2 \hspace{3.5cm} \text{해설식 (4.18)}$$

여기서, $T_{\max}$: 각 보강재층에서의 최대유발인장력(kN/m)

σ_h : 각 보강재층에서의 수평응력(kN/m²)

S_v : 보강재의 수직설치 간격(m)

K_r : 보강토체 내부의 수평토압계수(해설그림 4.24 참조)

σ_v : 보강재 위치에서의 수직응력(상재성토하중 포함)(kN/m²)

σ_2 : 상재성토에 의한 하중(kN/m²)

$\Delta\sigma_v$: 등분포하중이나 상부 구조물 등의 상재하중(띠하중(strip load), 선하중(line load) 등; 1H : 2V 분포로 계산)에 의한 수직토압 증가분(kN/m^2)

$\Delta\sigma_h$: 상재하중에 의해 유발되는 보강재 위치에서의 수평토압 증가분 (kN/m^2)

보강토체 내부의 토압계수(K_r)는 일반적으로 주동토압계수(K_a)를 적용할 수 있지만, 신장성이 작은 금속 보강재의 경우 지표에서 6.0m까지 보강토체 내부의 토압계수(K_r)가 주동토압계수(K_a)보다 큰 값을 나타낸다. 해설그림 4.24에는 보강재의 종류에 따라 적용하는 수평토압계수의 비(K_r/K_a)를 나타내었다.

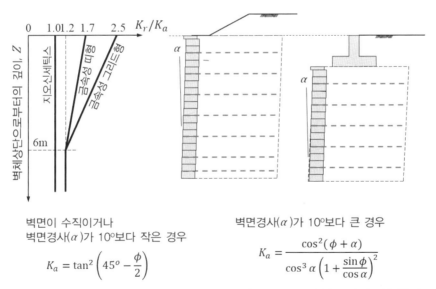

벽면이 수직이거나
벽면경사(α)가 10°보다 작은 경우

$$K_a = \tan^2\left(45^o - \frac{\phi}{2}\right)$$

벽면경사(α)가 10°보다 큰 경우

$$K_a = \frac{\cos^2(\phi + \alpha)}{\cos^3\alpha\left(1 + \frac{\sin\phi}{\cos\alpha}\right)^2}$$

주) 지오신세틱스 중 띠형 섬유보강재(polymer strip)는 금속성 띠형과 같이 적용할 수 있다.

해설그림 4.24 보강토체 내부의 토압계수비(K_r/K_a)(Elias 등, 2001; Berg 등, 2010 수정)

σ_2는 보강토옹벽 상부의 상재성토에 의하여 증가되는 수직응력을 말하며, 해설그림 4.25 에서와 같이 계산한다.

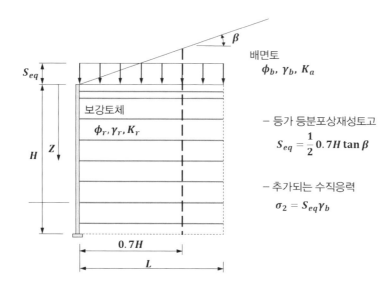

해설그림 4.25 상재성토에 의한 수직응력 증가분(σ_2) 계산(FHWA-NHI-10-024)

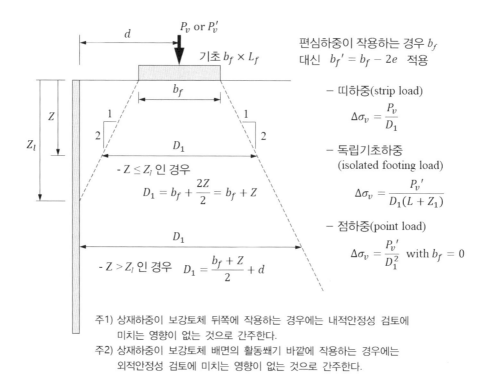

주1) 상재하중이 보강토체 뒤쪽에 작용하는 경우에는 내적안정성 검토에 미치는 영향이 없는 것으로 간주한다.

주2) 상재하중이 보강토체 배면의 활동쐐기 바깥에 작용하는 경우에는 외적안정성 검토에 미치는 영향이 없는 것으로 간주한다.

해설그림 4.26 수직하중에 의한 수직응력 증가분($\Delta\sigma_v$)의 계산(Elias 등, 2001 수정)

$\Delta\sigma_v$는 띠하중(strip load), 독립기초하중(isolated footing load) 등의 상재하중에 의하여 증강되는 수직응력을 말하며, 해설그림 4.26에서와 같이 2V : 1H의 분포로 가정한다. $\Delta\sigma_h$는 상재 수평하중에 의하여 증가되는 수평응력을 말하며, 해설그림 4.27에서와 같이 계산한다.

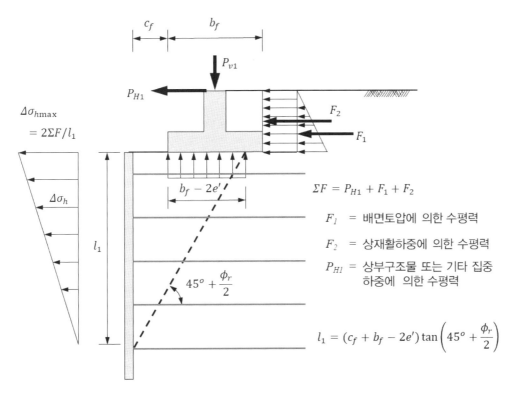

해설그림 4.27 수평하중에 의한 수평응력 증가분($\Delta\sigma_h$)의 계산(Elias 등, 2001 수정)

4) 내적안정성 검토

(1) 보강재 파단에 대한 안정성 검토

보강재의 파단에 대한 안정성 검토는 각각의 보강재 위치에서 구한 최대유발인장력(T_{max})과 보강재의 장기설계인장강도(T_a)를 비교하여 수행하며, 보강재 파단에 대한 안전율은 다음 식과 같이 계산할 수 있다.

$$FS_{rupture} = \frac{T_a \cdot R_c}{T_{max}} \geq 1.0 \qquad \text{해설식 (4.19)}$$

여기서, T_a : 보강재의 장기설계인장강도(kN/m)

T_{max} : 보강재의 최대유발인장력(kN/m)

R_c : 보강재 포설면적비($= b/S_h$)

S_h : 보강재의 수평설치 간격(m) (전체면적에 대해 포설하는 경우 S_h=1.0)

b : 보강재의 폭(m) (전체면적에 대해 포설하는 경우 $b = 1.0$)

설계기준 'KDS 11 80 10'에서는 보강재 파단에 대한 안전율은 보강재의 최대유발인장력(T_{max})에 대한 장기설계인장강도(T_a)의 비를 나타내지만, 현재 사용할 수 있는 일부 상용프로그램(예, MSEW)에서는 장기설계인장강도 대신 장기인장강도(T_l)를 사용하여 보강재 파단에 대한 안전율을 표시하기도 하므로, 이러한 상용프로그램을 사용할 때는 3.1.2 보강재 부분을 참고하여 보강재 파단에 대한 안전율을 다음과 같이 적용하여야 한다.

$$FS_{ru} = \frac{T_l \cdot R_c}{T_{max}} \geq FS \qquad \text{해설식 (4.19a)}$$

- 토목섬유 보강재 $FS = 1.5$
- 금속 보강재(띠형, 연성벽면에 연결된 그리드형) $FS = 1.82$
- 금속 보강재(콘크리트 패널/ 블록에 연결된 그리드형) $FS = 2.08$

(2) 보강재 인발파괴에 대한 안정성 검토

보강재의 인발파괴에 대한 검토는 보강재에 작용하는 최대하중(최대유발인장력과 동일)을 저항영역 내에 근입된 보강재와 흙 사이의 인발저항력(P_r)이 견디는지에 대한 검토이며, 인발피괴에 대한 안전율은 다음과 같이 계산할 수 있다. 다만, 보강재 인발저항력(P_r) 산정 시 상재활하중의 영향은 고려하지 않는다.

$$FS_{po} = \frac{P_r}{T_{max}} \geq 1.5 \qquad\qquad 해설식\ (4.20)$$

$$P_r = \alpha\ C\ \gamma Z_p\ L_e\ F^*\ R_c \qquad\qquad 해설식\ (4.21)$$

여기서, P_r : 보강재의 인발저항력(kN/m)

T_{max} : 보강재의 최대유발인장력(kN/m)

α : 크기보정계수(scale correction factor)

비신장성 보강재 : α = 1.0,

지오그리드 : α = 0.8,

신장성 시트 : α = 0.6

C : 흙/보강재 접촉면의 수(띠형, 그리드형, 시트형 보강재의 경우 C = 2 적용)

Z_p : 상재성토를 고려한 보강재까지의 깊이(m)(해설그림 4.28 참조)

L_e : 저항영역 내의 보강재 길이(m)

F^* : 보강재와 흙 사이의 인발저항계수

R_c : 보강재 적용면적비 (= b/S_h)

b : 보강재의 폭(m) (전체면적에 대해 포설하는 경우 b = 1.0)

S_h : 보강재 중심축 사이의 수평간격(m) (전체면적에 대해 포설하는 경우 S_h = 1.0)

가. 인발저항계수, F^*

흙 속에 매설된 보강재의 인발저항력(P_r)은 보강재의 종류 및 형태 등에 따라 달라지며, 크게 마찰저항력과 지지저항력으로 구분할 수 있다. 마찰저항력은 보강재 표면과 흙 사이의 마찰력에 의해 발현되며, 지지저항력은 돌기형 강재 띠형 보강재(ribbed steel strip)의 돌기 또는 그리드형 보강재의 가로방향 지지부재와 같이 보강재에 형성된 수동저항체의 저항력에 의해 발현된다.

따라서 인발에 대한 안정성 검토에 필요한 흙-보강재 사이의 인발저항 특성은 공신력 있는 기관 등의 시험결과로부터 평가하여야 한다. 시험결과가 없는 경우에는 해설그림 4.29를 참고하여 보강재 종류별 인발저항계수(F^*)를 결정할 수 있다.

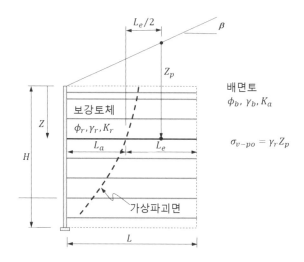

해설그림 4.28 상부사면이 있는 경우 인발저항력 산정을 위한 보강재 위에 작용하는 수직응력의 계산 (FHWA-NHI-10-024)

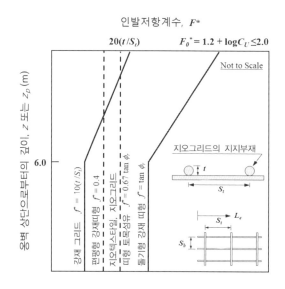

※ 인발저항계수, F^*는 공신력 있는 기관 등의 시험결과로부터 평가하는 것을 원칙으로 한다. 시험결과가 없는 경우에는 본 그래프를 참고하여 인발저항계수를 결정할 수 있다.

해설그림 4.29 보강재 종류별 인발저항계수, F^* (AASHTO, 2020 수정)

4.7 지진 시 안정해석

4.7.1 지진 시 안정해석 일반사항

(1) 지진 시 보강토옹벽의 안정해석에서 고려하는 하중은 정적상태에서 작용하는 하중과 지진에 의해 작용하는 지진관성력 및 동적토압이며, 일시적인 상재하중은 고려하지 않는다.

(2) 지진관성력은 보강된 토체의 중력에 의해 작용하는 지진하중이며, 토체의 자중과 수평지진계수를 곱하여 산정하고 보강토체의 도심에 수평으로 작용시킨다.

(3) 동적토압은 보강된 토체 뒷부분의 파괴쐐기에 의해 보강토체에 작용하는 토압이며 파괴흙쐐기의 자중과 수평지진계수를 곱하여 산정한 토압이며 Mononobe-Okabe (유사정적해석법)의 방법을 이용하여 산정한다.

해설

1) 지진 시 고려하는 하중

지진 시 외적안정해석에서는 정적하중에 더해서 보강토체의 지진관성력(P_{IR})과 동적토압 증가분(P_{AE})의 1/2을 작용시켜 안정해석을 실시한다.

지진 시 내적안정해석에서는 활동영역의 지진관성력(P_I)을 층별 보강재 유효길이(L_e)에 비례하여 분배한 최대유발인장력 증가분(T_{md})을 추가로 고려한다.

2) 지진관성력

보강토옹벽에 작용하는 지진관성력에 대해서는 본 해설서 1.7.1 4) 가. 지진관성력에 설명되어 있다.

3) 동적토압

보강토옹벽에 작용하는 동적토압에 대해서는 본 해설서 1.7.1 4) 나. 동적토압에 설명되어 있다.

4.7.2 지진 시 외적안정해석

(1) 지진 시 외적안정해석에서는 이 기준의 4.5에서와 동일하게 다음의 사항을 검토한다.
　① 저면활동에 대한 검토
　② 전도에 대한 검토
　③ 지지력에 대한 검토
　④ 전체안정성에 대한 검토
(2) 외적안정해석에서는 정적하중, 지진관성력, 동적토압의 1/2만 작용시켜 안정해석을
　실시하며, 지진관성력은 토체의 중심에, 동적토압은 옹벽높이의 0.6H에 작용시킨다.
(3) 외적안정해석에서 지진관성력은 관성력의 영향을 받은 보강토체의 자중과 지진계수
　를 곱하여 산정한다.

해설

1) 지진 시 외적안정해석

지진 시 외적안정해석에서는 지진하중을 추가하여 저면활동, 전도, 지지력 및 전체안정
성에 대하여 검토한다.

2) 지진 시 하중

지진 시 외적안정해석에서 적용하는 하중은 정적상태에서의 하중 외에, 지진에 의한 보
강토체의 관성력(P_{IR})과 동적토압 증가분(ΔP_{AE})의 50%이며, 보강토체 전체를 하나의
강체로 간주하여 안정해석을 실시한다.

보강토체의 지진관성력(P_{IR})은 관성력의 영향을 받는 토체의 중심에, 동적토압 증가분
($0.5\Delta P_{AE}$)은 동적토압이 작용하는 높이의 $0.6H_2$(상부가 수평일 때, $H_2 = H$)에 작용시
킨다(해설그림 1.11 참조).

지진관성력은 관성력의 영향을 받는 보강토체의 자중(M)과 보강토체의 최대지진계수
(A_m)를 곱하여 산정하며, 동적토압증가분은 지진 시 주동토압(P_{AE})에서 평상시의 주동

토압(P_A)을 차감하여 계산하며, 지진 시 주동토압은 Mononobe-Okabe의 방법(유사정
적해석법)에 의하여 계산한다.

3) 지진 시 외적안정성 검토

지진 시 저면활동 및 전도에 대한 안전율은 다음과 같이 계산할 수 있다.

$$FS_{slid\_seis} = \frac{R_H}{P_H + 0.5\Delta P_{AEH} + P_{IR}} \geq 1.1 \qquad\qquad \text{해설식 (4.22)}$$

$$FS_{over\_seis} = \frac{M_R}{M_O + M_{0.5\Delta P_{AEH}} + M_{P_{IR}}} \geq 1.5 \qquad\qquad \text{해설식 (4.23)}$$

여기서, R_H : 저면활동에 대한 보강토체의 저항력(kN/m)

P_H : 정적해석에서 계산된 활동력(kN/m)

ΔP_{AEH} : 동적토압증가분(ΔP_{AE})의 수평성분(kN/m)

P_{IR} : 보강토체의 관성력(kN/m)

M_R : 보강토체에 의한 저항모멘트(kN-m/m)

M_O : 정적해석에서 계산된 전도모멘트(kN-m/m)

$M_{0.5\Delta P_{AEH}}$: ΔP_{AEH}에 의한 전도모멘트(kN-m/m)

$M_{P_{IR}}$: P_{IR}에 의한 전도모멘트(kN-m/m)

4.7.3 지진 시 내적안정해석

(1) 지진 시의 내적안정해석은 지진관성력에 의해 각각의 보강재에 추가되는 하중에 대
하여 보강재의 인장파괴와 인발파괴가 발생하지 않도록 한다.

(2) 내적안정해석에서 지진관성력은 활동영역의 자중과 지진계수를 곱하여 산정하고,
활동영역 내의 각각의 보강재가 차지하는 면적비율로 지진관성력을 분담하는 것으
로 한다.

(3) 지진 시 내적안정해석은 각각의 보강재 위치에서 지진에 의해 추가되는 인장력을 고려하여 정적상태와 동일하게 계산한다.

해설

1) 지진 시 내적안정성 검토

지진 시 층별 보강재에 작용하는 하중은 평상시 최대유발인장력($T_{\max}$)과 활동영역의 관성력(P_I)에 의해 추가되는 하중(T_{md})으로, 내적안정해석은 보강재 파단과 인발파괴에 대하여 안전하도록 설계하여야 한다.

2) 지진 시 최대유발인장력

(1) 내적안정성 검토 시의 지진관성력

지진에 의해 보강토체의 활동영역에 가해지는 지진관성력은 해설그림 4.30의 활동영역의 자중(W_A)에 보강토옹벽의 최대지진계수(A_m)를 곱하여 계산할 수 있다.

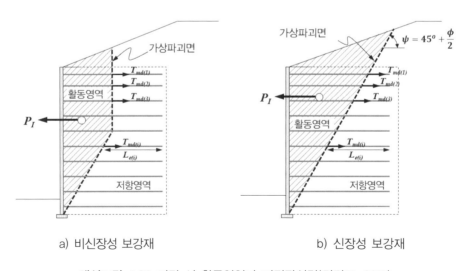

a) 비신장성 보강재   b) 신장성 보강재

해설그림 4.30 지진 시 활동영역과 지진관성력(김경모, 2017)

$$P_I = W_A \cdot A_m$$ 해설식 (4.24)

여기서, P_I : 지진관성력(internal inertial force)(kN/m)

$\quad\quad W_A$: 활동영역의 자중(kN/m)

$\quad\quad A_m$: 보강토옹벽의 최대지진계수($A_m = (1.45 - A)A$)

$\quad\quad A$: 기초지반의 최대지반가속도계수

(2) 정적하중에 의한 최대유발인장력

지진 시 정적하중에 의한 보강재 최대유발인장력은 다음과 같이 계산할 수 있다. 이때 평상시와 달리 상재활하중의 영향은 제외한다.

$$T_{\max} = \sigma_h S_v$$ 해설식 (4.25)

$$\sigma_h = K_r(\gamma_r Z + \sigma_2 + \Delta\sigma_v) + \Delta\sigma_h$$ 해설식 (4.26)

(3) 지진 시 추가되는 유발인장력

활동영역의 지진관성력(P_I)에 의해 각 위치의 보강재에 추가되는 인장력(T_{md})은 저항 영역 내의 각각의 보강재가 차지하는 면적비율에 지진관성력을 곱하여 산정한다. KDS 11 80 10 4.7.3 (2)항에서는 "활동영역 내의 각각의 보강재가 차지하는 면적비율로 지진관성력을 분담하는 것으로 한다."라고 규정하고 있으나, FHWA 지침(Elias 등, 2001) 과 AASHTO(2020)에서는 지진관성력을 저항면적(resistant area)에 비례하여 분배하는 것으로 규정하고 있으므로, "활동영역 내"가 아니라 "저항영역 내"로 수정되어야 한다. 층별 보강재의 수직설치간격이 같은 경우는 해설식 (4.27)과 같이 보강재의 저항영역 내의 길이비율에 활동영역의 지진관성력(P_I)을 곱하여 산정할 수 있다.

$$T_{md} = P_I \cdot \frac{L_{ei}}{\sum_{i=1}^{n} L_{ei}}$$ 해설식 (4.27)

여기서, T_{md} : 지진 시 각 위치에서의 보강재층에 추가되는 유발인장력(kN/m)

L_{ei} : i번째 보강재의 저항영역 내의 길이(m)

$\sum_{i=1}^{n} L_{ei}$: 모든 층 보강재의 저항영역 내의 길이의 합(m)

(4) 지진 시 최대유발인장력

지진 시 보강재에 작용하는 최대유발인장력(T_{total})은 다음과 같이 계산할 수 있다.

$$T_{total} = T_{max} + T_{md}$$

해설식 (4.28)

여기서, T_{max} : 정적하중에 의해 유발되는 층별 보강재의 최대유인장력(kN/m)

T_{md} : 지진 시 각 위치에서의 보강재층에 추가되는 유발인장력(kN/m)

3) 지진 시 내적안정성 검토

(1) 지진 시 보강재 파단에 대한 안정성 검토

지진 시 보강재 파단에 대한 안전율, $FS_{repture\_seis}$은 다음과 같이 계산할 수 있다.

$$FS_{rupture\_seis} = \frac{T_a R_c}{0.75 T_{total}} \geq 1.0$$

해설식 (4.29)

해설식 (4.29)를 일부 상용 구조계산 프로그램에서와 같이, 장기설계인장강도(T_a) 대신 장기인장강도(T_l)를 사용하여 다시 쓰면,

$$FS_{ru\_seis} = \frac{T_l R_c}{T_{total}} \geq 0.75 FS$$

해설식 (4.29a)

해설식 (4.29a)에서 0.75FS는 보강재 종류별 지진 시 안전율이다. 본 'KDS 11 80 10 : 보강토옹벽'에는 지진 시 보강재 파단에 대한 안전율은 제시되어 있지 않다. 미국

FHWA 지침(Elias 등, 2001)에서는 지진 시 설계안전율을 모든 항목에 대해 평상시 설계안전율의 75%로 제시하고 있다. 따라서 보강재 종류에 따른 지진 시 보강재 파단에 대한 안전율은 해설표 4.2와 같다.

해설표 4.2 지진 시 보강재 종류에 따른 안전율

보강재 종류	안전율	
	평상시	지진 시
강재 띠형 보강재	1.82	1.35
강재 그리드형 보강재	2.08	1.55
토목섬유 보강재	1.50	1.10

금속 보강재의 경우에는 위의 해설식 (4.29) 또는 해설식 (4.29a)를 그대로 적용할 수 있다.

그러나 토목섬유(geosytnethics) 보강재의 경우에는 장기적인 안정성을 확보하기 위한 보강재의 장기설계인장강도(허용인장강도, T_a) 산정 시, 보강재의 내구성(RF_D), 시공 시 손상(RF_{ID}), 크리프에 대한 감소계수(RF_{CR})를 모두 고려하여 검토한다. 여기서 크리프에 대한 감소계수는 장기적인 지속하중에 대한 것으로, 장기지속 하중인 평상시의 최대유발인장력($T_{\max}$)을 지지하는 부분에 대해서는 크리프에 대한 감소계수(RF_{CR})를 고려하는 것이 타당하지만, 지진은 비교적 짧은 시간에 발생하는 일시적인 하중이므로 지진 시 층별 보강재에 추가되는 유발인장력(T_{md})을 지지하는 부분에 대해서는 크리프의 영향을 고려하는 것은 합리적이지 않다.

FHWA 지침(Elias 등, 2001)에 따르면, 토목섬유(geosynthetics) 보강재의 경우, 정적하중($T_{\max}$)에 대하여 필요한 보강재의 인장강도(S_{sr})와 지진 시 추가되는 하중(T_{md})에 대하여 필요한 보강재의 인장강도(S_{rt})를 각각 별도로 산정하여야 한다.

• 정적성분($T_{\max}$) 대하여

$$\frac{S_{rs} \times R_c}{0.75 FS \times RF} \geq T_{\max}$$ 해설식 (4.30)

• 동적성분(T_{md}) 대하여

$$\frac{S_{rt} \times R_c}{0.75 FS \times RF_D \times RF_{ID}} \geq T_{md}$$ 해설식 (4.31)

따라서 지진 시 필요한 토목섬유 보강재의 극한인장강도(T_{ult})는 다음과 같이 계산된다.

$$T_{ult} = S_{rs} + S_{rt}$$ 해설식 (4.32)

해설식 (4.30)과 해설식 (4.31)을 해설식 (4.32)에 대입하여 정리하면, 토목섬유 보강재의 지진 시 파단에 대한 안전율은 정적하중($T_{\max}$)과 지진 시 추가되는 하중(T_{md})을 구분하여 다음과 같이 계산할 수 있다.

$$FS_{rupture\_seis} = \frac{T_a R_c}{0.75\left(T_{\max} + \dfrac{T_{md}}{RF_{CR}}\right)} \geq 1.0$$ 해설식 (4.33)

해설식 (4.33)을, 일부 상용 구조계산 프로그램에서와 같이, 장기설계인장강도(T_a) 대신 장기인장강도(T_l)을 사용하여 다시 쓰면,

$$FS_{ru\_seis} = \frac{T_l R_c}{\left(T_{\max} + \dfrac{T_{md}}{RF_{CR}}\right)} \geq 0.75 FS$$ 해설식 (4.33a)

여기서, FS_{ru_seis} : 지진 시 보강재 파단에 대한 안전율

T_a : 보강재의 장기설계인장강도(kN/m)

T_l : 보강재의 장기인장강도(kN/m)

R_c : 보강재 포설면적비($= b/S_h$)

$T_{\max}$: 보강재 위치에서의 정적 유발인장력(kN/m)

T_{md} : 지진 시 추가되는 유발인장력(kN/m)

RF_{CR} : 보강재의 크리프에 대한 감소계수(금속 보강재의 경우 1.0)

해설식 (4.33a)에서 $0.75FS$는 지진 시 보강재 파단에 대한 안전율로 토목섬유 보강재에 대해 1.1을 적용한다.

(2) 지진 시 인발파괴에 대한 안정성 검토

지진 시 보강재의 인발저항력은 지진동으로 인하여 흙과 보강재 사이의 마찰저항력이 감소하므로 정적 설계에서 사용하는 인발저항계수(F^*)를 80%로 감소시켜 적용한다. 따라서, 지진 시 보강재 인발파괴에 대한 안전율은 다음과 같이 계산할 수 있다.

$$FS_{po\_seis} = \frac{\alpha\ C\ \gamma Z_p\ L_e\ (0.8F^*)\ R_c}{T_{\max} + T_{md}} \geq 1.1 \qquad \text{해설식 (4.34)}$$

여기서, FS_{po_seis} : 지진 시 보강재 인발에 대한 안전율

α : 크기보정계수(scale correction factor)

비신장성 보강재 : α = 1.0,

지오그리드 : α = 0.8,

신장성 시트 : α = 0.6

C : 흙/보강재 접촉면의 수(띠형, 그리드형, 시트형 보강재의 경우 C = 2 적용

Z_p : 상재성토를 고려한 보강재까지의 깊이(m)(해설그림 4.28 참조)

L_e : 저항영역 내의 보강재 길이(m)

F^* : 보강재와 흙 사이의 인발저항계수

R_c : 보강재 적용면적비($= b/S_h$)

$T_{\max}$: 정적하중에 의해 유발되는 층별 보강재의 최대유인장력(kN/m)

T_{md} : 지진 시 각 위치에서의 보강재층에 추가되는 유발인장력(kN/m)

4.8 보강토옹벽의 배수시설

(1) 보강토옹벽으로 유입될 수 있는 잠재적인 지표수원이나 지하수위 등을 사전에 파악하고 이에 대한 적절한 배수대책을 수립하여야 한다.

(2) 보강토체에 이용되는 뒤채움재료는 비교적 배수성이 양호하고 전면 배수공이 충분한 양질의 토사를 이용하지만, 다량의 배면 유입수로 뒤채움 흙이 포화되면 흙의 전단강도가 급격히 저하하여 불안한 상태가 될 수 있으므로 배면 용출수의 유무, 수량의 과다에 따라 적절한 배수시설을 하여야 한다.

(3) 보강토옹벽에 적용하는 배수시설의 종류는 다음과 같다.

① 보강토체 내부 배수시설

가. 전면벽체 배면의 자갈, 쇄석 등 배수층 및 암거

나. 전면벽체 배면의 토목섬유 배수재

다. 보강토체 내부의 수평배수층

② 보강토체 외부 배수시설

가. 벽체상부 지표수 유입을 방지하기 위한 지표면 차수층 및 배수구

나. 보강토옹벽 배면에서 유입되는 용수 처리를 위한 보강토체와 배면토체 사이의 경계면 배수층

(4) 전면벽체 부근의 배수처리 및 뒤채움재료의 유실을 방지하기 위해 전면벽체 배면에 자갈필터층을 두께 0.3m 이상 설치하여야 하며, 뒤채움재에 배수층으로 침투할 가능성이 있는 세립질의 모래가 포함된 경우 뒤채움재의 유출을 억제하기 위해 부직포 등의 필터용 토목섬유를 추가 적용할 수 있다.

(5) 침수 시의 대책

① 보강토체가 수중에 잠기는 경우, 내외수면이 같아지도록 투수성이 양호한 뒤채움

재료를 사용하여야 한다. 또한 전면벽체 또는 전면보호재의 이음부에도 원활한 배수가 가능하고 토립자의 유실을 방지할 수 있는 필터재를 적용하여야 한다.

② 보강토옹벽 전면 및 기초지반의 침식 및 세굴에 대해서도 저항할 수 있도록 설계 하여야 한다.

(6) 보강토옹벽 배수시설 종점부는 인근 배수시설에 연결하여 원활한 배수가 되도록 하 여야 한다.

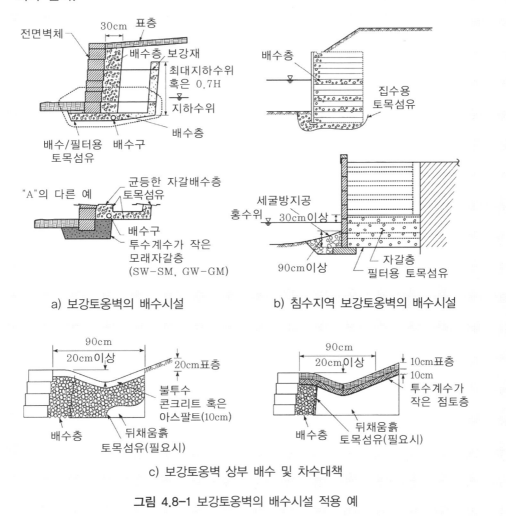

a) 보강토옹벽의 배수시설

b) 침수지역 보강토옹벽의 배수시설

c) 보강토옹벽 상부 배수 및 차수대책

그림 4.8-1 보강토옹벽의 배수시설 적용 예

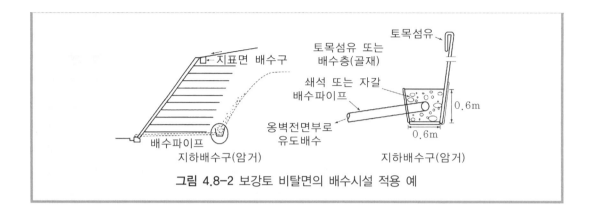

그림 4.8-2 보강토 비탈면의 배수시설 적용 예

해설

1) 보강토옹벽의 배수시설

보강토체의 내부와 배면토(retained soil)에는 지하수를 처리하기 위한 모래자갈 수평배수층을 설치할 필요가 있다. 저면 이외에는 지오텍스타일(geotextile), 지오멤브레인(geo-membrane)형의 배수재로 시공할 수도 있다. 특히 계곡부에 설치되는 보강토옹벽에는 일반 쌓기비탈면과 같이 적정한 크기의 암거를 설치한다.

최근 기후변화로 인한 집중 강우 발생빈도가 높아지고 있어 강우에 따른 피해사례가 증가하고 있으므로 이러한 집중 강우를 고려하여 배수시설을 설계 및 시공할 필요가 있다.

2) 보강토체 내부의 배수시설

(1) 전면벽체 배면의 배수성 자갈, 쇄석골재층

블록식 보강토옹벽의 경우 전면블록 배면에 최소 30cm 이상의 폭으로 자갈 또는 쇄석골재를 채움하여야 한다(해설그림 4.31 참조). 또한 뒤채움재료의 유출을 억제하기 위하여 보강토 뒤채움 토사와 자갈필터층 사이에 필터용 부직포를 추가 적용할 수 있으며, 이 경우 자갈필터층의 두께를 0.15m까지 감소시킬 수 있다.

또한 쇄석골재층 최하단에는 유공관을 설치하고, 유공관 하부는 투수성이 낮은 토사로 채움하거나 차수용 토목섬유를 설치한다. 유공관으로 집수된 물은 최소 옹벽 연장 20m마다 배수구를 설치하여 배수해야 한다(해설그림 4.31 참조).

그런데 전면블록 배면의 쇄석골재 층을 통하여 다량의 물이 유입되면 수압의 작용으로 전면블록이 탈락하는 등의 피해를 입을 수 있으므로, 최상단부는 최소 30cm 이상 투수성이 낮은 토사를 다짐하거나 해설그림 4.33에서 보여준 것과 같은 방법으로 지표수의 유입을 차단해야 한다.

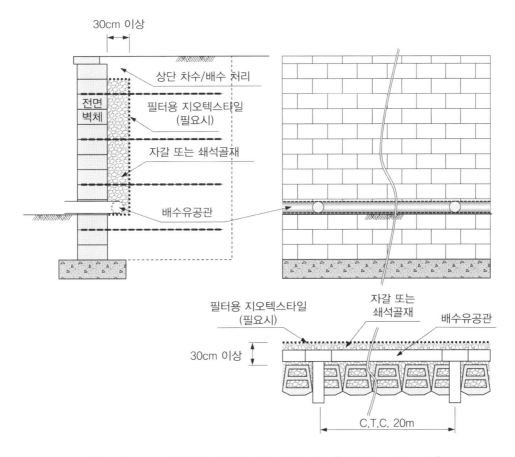

해설그림 4.31 전면벽체 배면의 자갈, 쇄석 배수층(김경모, 2017 수정)

(2) 전면벽체 배면의 토목섬유 배수재

패널식 보강토옹벽의 경우 콘크리트 패널 사이에 약 2cm 정도의 줄눈(joint)을 두고 있으므로 이들 줄눈 사이로 물과 함께 토사가 유출될 수 있다. 따라서 패널식 보강토옹벽의 경우 콘크리트 패널 배면의 줄눈 위치에 필터용 토목섬유를 설치하여 토사의 유출을 방지한다(해설그림 4.32 참조).

패널식 보강토옹벽의 경우에도 패널의 줄눈 사이로 식물의 생장을 억제하고, 동상의 피해를 방지하기 위하여 블록식 보강토옹벽에서와 같이 콘크리트 패널 배면에 자갈 배수/필터층을 설치할 수 있다.

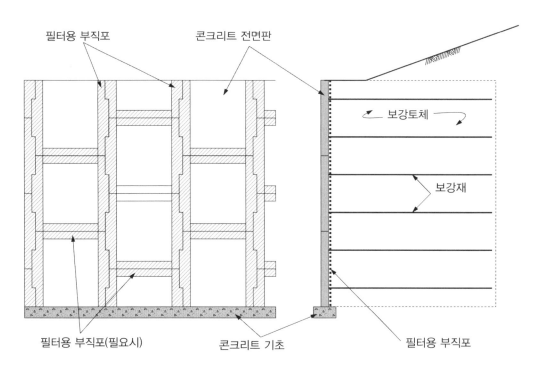

해설그림 4.32 콘크리트 패널 배면의 토목섬유 필터 설치 예(김경모, 2017)

3) 보강토체 외부의 배수시설

(1) 벽체상부 지표수 유입을 방지하기 위한 지표면 배수구

보강토옹벽 상단부에서 지표수의 유입을 방지하기 위하여 최소 30cm 이상 투수성이 낮은 토사층을 두거나 콘크리트, 아스팔트 등 차수층을 설치할 수 있다. 또한 토사층 내에 지오멤브레인(geomembrane) 차수재를 설치하여 지표수의 유입을 방지할 수도 있다(해설그림 4.33 참조).

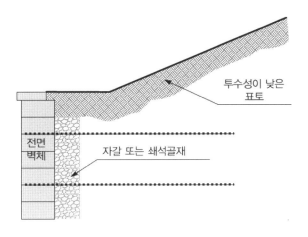

a) 투수성이 낮은 토사층

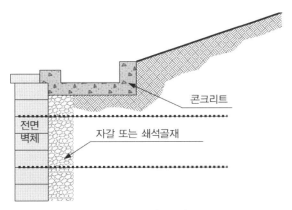

b) 콘크리트 차수/배수로

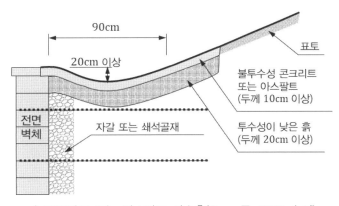

c) 콘크리트 또는 아스팔트 차수층(Berg 등, 2010 수정)

해설그림 4.33 지표면 배수구 예(김경모, 2017)(계속)

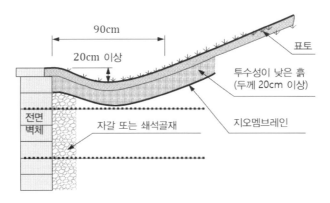

d) 지오멤브레인(geomembrane) 차수재 설치(Berg 등, 2010 수정)

해설그림 4.33 지표면 배수구 예(김경모, 2017)

(2) 지오멤브레인(Geomembrane) 차수층

배수가 잘 되지 않는 보강토 뒤채움재를 사용할 때, 지표수의 침투 및 이와 관련된 침투력(seepage force)의 발생을 방지하기 위하여 지오엠브레인 차수층(geomembrane barrier)을 사용할 수 있다. 한편, 제설제로 사용하는 염화칼슘과 같은 제설염이 포함된 눈 녹은 물이 보강토옹벽으로 침투하게 되면 금속 보강재의 부식속도를 가속시킬 수 있으므로, 도로 기층 하부에 최상단 보강재층 위에 지오멤브레인 차수층을 설치할 수 있다. 이때 지오엠브레인 차수층은 보강토체 배면을 지나 최소 1.8m 이상 연장되어야 하며, 집수된 유입수를 배수하기 위한 배수시스템이 함께 설치되어야 한다.

차수용 지오멤브레인은 최소 두께 0.75mm 이상의 PVC, 고밀도폴리에틸렌(high density polyethylene, HDPE) 또는 선형저밀도폴리에틸렌(linear low density polyethylene, LLDPE) 재질의 지오엠브레인을 사용해야 한다.

지오멤브레인 차수층 설치 단면의 예가 해설그림 4.34에 제시되어 있다.

(3) 보강토체와 배면토 사이의 경계면 배수층

기존 원지반을 깎은 후에 보강토옹벽을 설치하는 경우나 계곡부에 보강토옹벽을 시공하는 경우와 같이 보강토옹벽 배면에 용출수가 있는 경우에는 보강토체와 배면토 사이에 배수층을 설치할 필요가 있다.

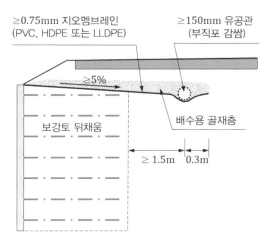

해설그림 4.34 지오멤브레인 차수층 설치 예(Elias 등, 2001; Berg 등, 2010)

원지반을 절취한 후 보강토옹벽을 시공하는 경우 원지반과 성토지반 사이 경계면에 해
설그림 4.35 및 해설그림 4.36에서와 같이 배수층을 설치할 수 있다. 이때 배수층은 쇄석
골재 또는 자갈을 사용할 수 있고, 지반신소재(geosynthetics) 배수재(예, 지오콤포지트
(geocomposite))를 사용할 수도 있다.

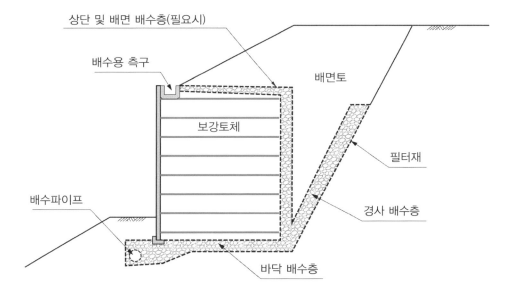

해설그림 4.35 보강토체와 배면토 사이 경계면 배수층 예(GEO, 2002)

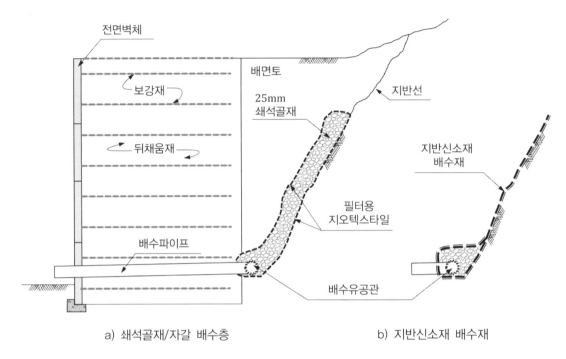

a) 쇄석골재/자갈 배수층   b) 지반신소재 배수재

해설그림 4.36 절취면의 배수시설 설치 예

(4) 지하수위 조건별 배수시설

보강토옹벽 하부의 지하수위가 상당히 깊고 배면 용출수도 없어 보강토옹벽에 영향을
미칠 우려가 없는 경우에는 해설그림 4.37 a)에서와 같이 전면벽체 배면의 배수성 자갈,
골재층만 설치할 수 있다.

계절적으로 지하수위가 보강토옹벽 저면 근처까지 상승하여 보강토옹벽에 영향을 미칠
가능성이 있는 경우에는 해설그림 4.37 b)에서와 같이 보강토체 저면에 바닥 배수층을
설치하여 모관현상에 의하여 상승한 지하수의 영향을 배제할 수 있다.

지하수위가 보강토체 바닥 근처에 있거나 배면의 지하수위가 높아 보강토체 내부로 물
이 유입될 우려가 있는 경우에는 보강토체 바닥의 바닥 배수층과 배면의 배면 배수층을
설치하여 보강토체 내부로 물이 유입되는 것을 방지할 수 있다. 이때 배면 배수층은 최
고지하수위보다 높게 설치하여야 한다(해설그림 4.37 c) 참조).

바닥 배수층과 배면의 수직 배수층은 자갈, 골재 대신에 지오콤포지트(geocomposite)
배수재를 사용할 수 있다.

지하수위 조건 Case I

1. 지하수위는 보강토옹벽 저면에서 2H/3 아래에 있음
2. 보강토옹벽 배면으로부터 유입되는 물은 거의 없음

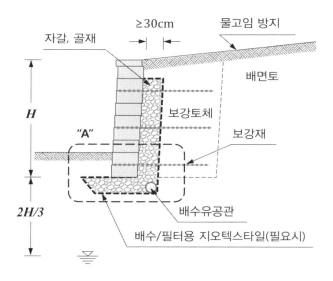

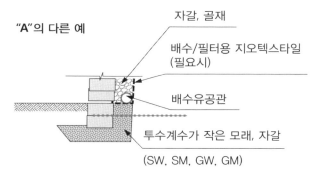

a) 지하수위가 상당히 깊은 경우

해설그림 4.37 지하수위 조건별 배수시설 예(NCMA, 2010 수정)(계속)

지하수위 조건 Case II

1. 지하수위가 보강토옹벽 저면 근처에 있거나, 저면까지 상승할 우려가 있는 경우
2. 보강토옹벽 배면으로부터 유입되는 물은 거의 없음

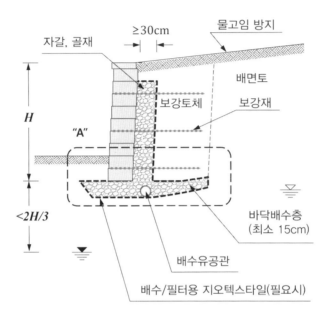

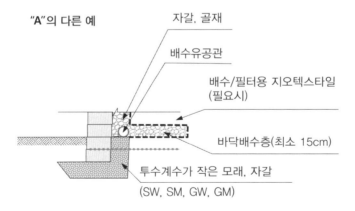

※ 바닥배수층은 지오콤포지트 배수재로 대체 가능

b) 지하수위가 보강토체 저면까지 상승할 우려가 있는 경우

해설그림 4.37 지하수위 조건별 배수시설 예(NCMA, 2010 수정)(계속)

지하수위 조건 Case III

1. 지하수위가 보강토옹벽 저면 근처에 있거나, 배면의 지하수가 보강토체로 유입될 우려가 있는 경우
2. 보강토옹벽 배면으로부터 유입되는 물이 있음
3. 완벽한 배수시스템으로, 실제 현장의 지하수위 조건이 불확실한 경우에 적용 가능

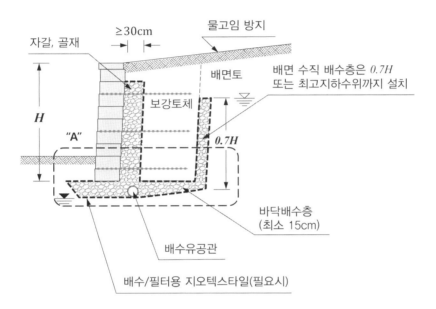

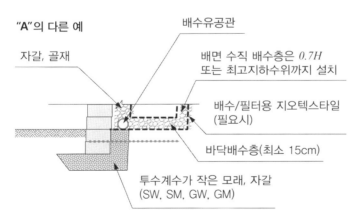

※ 바닥배수층 및 배면수직배수층은 지오콤포지트 배수재로 대체 가능

c) 지하수위가 높은 경우

해설그림 4.37 지하수위 조건별 배수시설 예(NCMA, 2010 수정)

4) 침수대책

보강토체가 수중에 잠길 때에는 내외수면이 같아질 수 있도록 투수성이 양호한 뒤채움 재료(예, 25mm 골재)를 사용하여야 하고, 투수성이 양호한 재료와 보강토옹벽 뒤채움재 및 배면토 사이에는 필터용 지오텍스타일(geotextile)을 설치해야 한다. 또한 전면벽체 또는 전면보호재의 이음부에도 원활한 배수가 가능하고 토립자의 유실을 방지할 수 있는 필터용 지오텍스타일을 설치하여야 한다.

또한 보강토옹벽 전면의 침식 및 세굴에 대해서도 저항할 수 있도록 설계하여야 한다.

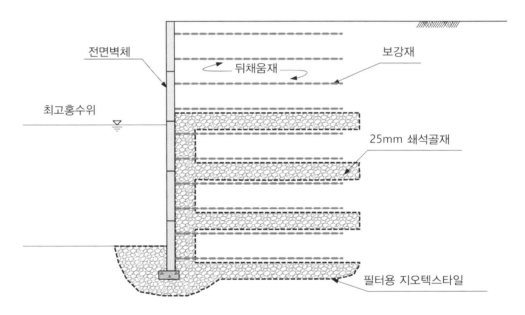

해설그림 4.38 침수대책의 예(French MOT, 1980)

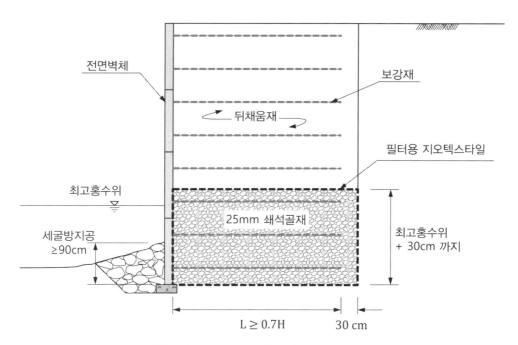

전면벽체

보강재

뒤채움재

필터용 지오텍스타일

최고홍수위

25mm 쇄석골재

최고홍수위
+ 30cm 까지

세굴방지공
≥90cm

L ≥ 0.7H

30 cm

해설그림 4.39 침수대책의 예(Berg 등, 2010)

참고문헌

1. KCS 11 80 10 보강토옹벽.

2. KDS 11 10 10 지반조사.

3. KDS 11 50 05 얕은기초 설계기준(일반설계법).

4. KDS 11 70 05 쌓기 · 깍기.

5. KDS 11 80 15 콘크리트옹벽.

6. KDS 11 90 00 비탈면 내진설계기준.

7. KDS 17 10 00 내진설계 일반.

8. KS K ISO ISO/TS 20432 지반보강용 지오신세틱스의 장기 강도 결정을 위한 지침.

9. 국토해양부 (2012), 도로설계편람 제3편 토공 및 배수 307.5 보강토 옹벽.

10. 국토해양부 (2013), 건설공사 보강토 옹벽 설계 시공 및 유지관리 잠정지침.

11. 국토교통부 (2017), 철도설계기준(노반편).

12. 기정서, 류우현, 김선곤, 천병식 (2012), "모형실험을 통한 보강토 옹벽 곡선부 거동특성", 대한토목학회 논문집, 제32권 제6C호, pp.249~257.

13. 김경모 (2016), "보강토 옹벽의 설게 시공 및 감리 개요", 기초 실무자를 위한 보강토 옹벽 설계 및 시공 기술교육, (사)한국토목섬유학회, pp.27~28.

14. 김경모 (2017), "보강토 옹벽의 설계 실무", 기초 실무자를 위한 보강토 옹벽 설계 및 시공 기술교육, (사)한국지반신소재학회, pp.19~115.

15. 김경모 (2018), "특수한 경우의 보강토 옹벽", 기초 실무자를 위한 보강토 옹벽 설계 및 시공 기술교육, (사)한국지반신소재학회, pp.25~76.

16. 김경모 (2019), "보강토 옹벽의 설계 및 시공", 기초 실무자를 위한 보강토 옹벽 설계 및 시공 기술교육, (사)한국지반신소재학회, pp.35~128.

17. 김진만, 조삼덕, 이대영, 최봉혁, 오세용 (2000), 블록형 보강토 옹벽의 현장계측 및 안정성 평가, 한국건설기술연구원 연구보고서.

18. 김진만, 조삼덕, 정한교, 오세용 (1997), "지오그리드 보강토 옹벽의 시공중 계측평가", 한국지반공학회 1997년도 토목섬유 학술발표회 논문집, 28 Nov., 1997, 한국지반공학회, pp.45~52.

19. 이상조 (2000), 블록식 보강토 옹벽의 거동 분석애 관한 연구, 인천대학교 석사학위논문.

20. 조삼덕, 이광우, 오세용, 이도희 (2005), "지오그리드의 장기설계인장강도에 미치는 시공 시 손상 및 크리프 변형 복합효과에 대한 실험적 평가", 한국토목섬유학회논문집 제4권 4호, pp.23~37.

21. (사)한국지반공학회 (1998), 토목섬유 설계 및 시공요령.

22. AASHTO (2007), AASHTO LRFD Bridge Design Specifications, 4th Ed.

23. AASHTO (2012), AASHTO LRFD Bridge Design Specifications, 6th Ed.

24. AASHTO (2020), AASHTO LRFD Bridge Design Specifications, 9th Ed.

25. ASTM D5818-22 Standard Practice for Exposure and Retrieval of Samples to Evaluate Installation Damage of Geosynthetics.

26. Berg, R. R., Christopher, B. R. and Samtani, N. C. (2010), "Design of Mechanically Stabilized Earth Walls and Reinforced Soil Slopes-Volume I", FHWA-NHI-10-024, US Department of Transportation Federal Highway Administration..

27. Christopher, B. R., Gill, S. A. Giroud, J. P., Juran, I., Mitchell, J. K., Schlosser, F. and Dunnicliff, J. (1990), Reinforced Soil Structures Vol. 1 Design and Construction Guidelines, Publication No. FHWA-RD-89-043, US Department of Transportation Federal Highway Administration, p.67.

28. Elias, V., Christopher, B. R. and Berg, R. R. (2001), "Mechanically Stabilized Earth Walls and Reinforced Soil Slopes Design and Construction Guidelines", FHWA-NHI-00-043, US Department of Transportation Federal Highway Administration.

29. Elias, V. (2000), "Corrosion/Degradation of Soil Reinforcements for Mechanically Stabilized Earth Walls and Reinforced Soil Slopes", FHWA-NHI-00-044, US Department of Transportation Federal Highway Administration., p.94.

30. French Ministry of Transport (1980), "Reinforced Earth Structures - Recommendations and Rules of the Art".

31. GEO (2002), GEOGUIDE 6 Guide to Reinforced Fill Structure and Slope Design, Geotechnical Engineering Office, Civil Engineering Department, The Government of the Hong Kong Special Administrative Region.

32. Leshchinsky, D. and Han, J. (2004), "Geosynthetic Reinforced Multitiered Walls", Journal of Geotechnical and Geoenvironmental Engineering, ASCE, December 2004, pp.1225〜1235.

33. Ling, H. I., Liu, H. and Mohri, Y. (2005), "Parametric Studies on the Behaviour of Reinforced Soil Retaining Walls under Earthquake Loading", Journal of Engineering Mechanics, ASCE, pp.1056〜1065.

34. Nakajima, T., Toriumi, N., Shintani, H., Miyatake, H. and Dobashi, K. (1996), "Field Performance of a Geotextile Reinforced Soil Wall with Concrete Facing Blocks", Proceedings of International Symposium om Earth Reinforcement Practice, Earth Reinforcement, Ochiai, Yasufuku & Omine (eds), 1996, Balkema, Rotterdam, pp.427〜432.

35. NCMA (2010), "Design Manual for Segmental Retaining Walls", 3rd Edition, National Concrete Masonry Association, Virginia, U.S.A.

36. Vesic, A. S. (1973), "Analysis of Ultimate Loads of Shallow Foundations", Journal of The Soil Mechanics and Foundations Division, ASCE, pp.45〜73.

37. Wright, S. G. (2005), Design Guidelines for Multi-Tiered MSE Walls, Publication No. FHWA/TX-05/0-4485-2.

38. 土木研究センター (1990), 補強土(テールアルメ)壁工法 設計・施工マニュアル, (財) 土木研究センター, 東京, pp.192〜224.

APPENDIX

부 록

상부 L형 옹벽의 영향을 고려한 보강토옹벽의 설계

A.1.1 개요

보강토옹벽은 성토체 내부에 포설된 보강재와 성토체 사이의 상호결속력에 의하여 일체화된 보강토체를 형성하여 배면토압에 저항하는 일종의 중력식 옹벽으로, 그 구조적 안정성과 시공성, 수려한 미관 등의 장점으로 인하여 그 적용 실적이 기하급수적으로 증가하고 있다.

그러나 국내 보강토옹벽 설계기준(예, KDS 11 80 10 : 보강토옹벽)에서는 특정 조건에 대한 세부 사항까지 설명하고 있지 않으며, 보강토옹벽의 구조계산에 사용하는 일부 상용프로그램(예, MSEW)이 국내 현실을 적절히 반영하지 못하고 있어, 실무에 적용할 때 많은 혼란이 있고 잘못 적용되는 사례들이 적지 않은 것 또한 현실이다.

여기서는 보강토옹벽 상부에 방호벽 또는 방음벽 기초로서 L형 옹벽이 설치되는 경우, 이를 고려한 보강토옹벽의 설계법에 대하여 설명한다.

A.1.2 상부 L형 옹벽 설치로 인해 추가되는 하중

보강토옹벽 상부에 방호벽 또는 방음벽 기초(L형 옹벽)가 설치될 경우, 보강토옹벽의 설계에는 대부분의 경우 차량활하중을 고려한 등분포 활하중과 상재성토고를 고려한 등분포 사하중만 재하하여 안정성을 검토하고 있다.

그러나 국토해양부(2013)에서 마련한 「건설공사 보강토옹벽 설계 시공 및 유지관리 잠정지침」에서는, "보강토옹벽 상부에 방호벽이나 방음벽 기초로서 L형 옹벽 등이 설치될 경우에는 보강토옹벽에 차량의 활하중, 성토하중, L형 옹벽 배면에 작용하는 토압에 의한 수평력, L형 옹벽의 편심에 의한 수직력 등이 추가로 작용하게 되므로, 설계 시 이를 고려해야 한다."라고 규정하고 있다. 그림 A1.2에서는 보강토옹벽 상부에 방음벽 기초 또는 방호벽 기초로서 L형 옹벽이 설치될 경우, 보강토옹벽에 작용하는 하중분포를 보여준다. 따라서 보강토옹벽 위에 L형 옹벽이 설치되는 경우, 상부 L형 옹벽의 높이(H_s)에 해당하는 성토자중($DL = \gamma H_s$)뿐만 아니라, L형 옹벽 배면에 작용하는 토압(F_1과 F_2)과 수평력(P_H)에 의한 추가적인 수평력(F_H)도 함께 고려해야 한다. 또한 L형 옹벽의 바닥에는 편심하중에 따른 응력집중으로 인해 발생하는 추가적인 수직력($P_v/(b_f - 2e) - DL$)도 함께 고려해야 한다.

a) 블록식 보강토옹벽

b) 패널식 보강토옹벽

그림 A1.1 보강토옹벽 상부 L형 옹벽 설치 사례

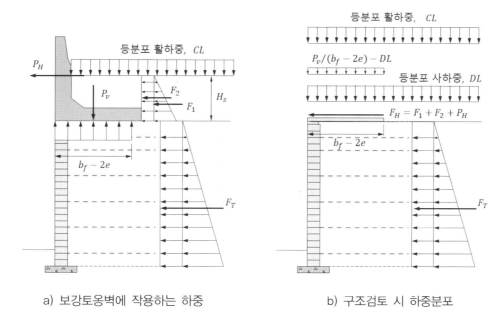

a) 보강토옹벽에 작용하는 하중   b) 구조검토 시 하중분포

그림 A1.2 상부에 L형 옹벽이 있는 경우 보강토옹벽에 작용하는 하중분포

A.1.3 층별 보강재의 최대유발인장력

층별 보강재의 최대유발인장력($T_{\max}$)은 각 보강재 위치에서의 수평응력(σ_h)과 보강재 부담면적(A_t, 폭 1m인 경우 S_v)을 고려하여 다음과 같이 계산할 수 있다.

$$T_{\max} = \sigma_h S_v \tag{A1.1}$$

$$\sigma_h = K_r \sigma_v + \Delta \sigma_h \tag{A1.2}$$

$$\sigma_v = \gamma z + \sigma_2 + q + \Delta \sigma_v \tag{A1.3}$$

여기서, σ_h : 보강재층에서의 수평응력(kPa)

$\quad\quad\quad S_v$: 보강재의 수직간격(m)

$\quad\quad\quad K_r$: 보강토체 내부의 토압계수

$\quad\quad\quad \Delta \sigma_h$: 추가 수평하중에 의해 층별 보강재에 증가하는 수평응력(kPa)

$\quad\quad\quad \sigma_v$: 보강재층에 작용하는 수직응력(kPa)

γ : 뒤채움 흙의 단위중량(kN/m³)

z : 보강재까지의 깊이(m)

σ_2 : 상재성토에 의한 수직응력(kPa)

q : 보강토옹벽 상부에 작용하는 등분포하중(kPa)

$\Delta\sigma_v$: 추가 수직하중에 의하여 증가되는 각 보강재층에 작용하는 수직
응력의 증가분(kPa)

A.1.3.1 추가 수직하중의 고려 방법

보강토옹벽 상부에 추가로 작용하는 수직력을 고려하는 방법은 미국 FHWA 지침(Elias 등,
2001) 및 토목섬유 설계 및 시공요령(한국지반공학회, 1998)에 잘 설명되어 있으며, 보
강토옹벽 상부에 부과된 수직력(P_v)은 그림 A1.3과 같이 층별 보강재에 분포하는 것으
로 가정한다.

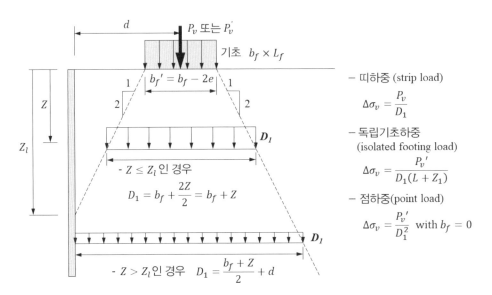

주1) 상재하중이 보강토체 뒤쪽에 작용하는 경우에는 내적안정성 검토에 미치는
영향이 없는 것으로 간주한다.
주2) 상재하중이 보강토체 배면의 활동영역 바깥에 작용하는 경우에는 외적안정성
검토에 미치는 영향이 없는 것으로 간주한다.

그림 A1.3 추가 수직하중에 의한 층별 수직응력 증가분, $\Delta\sigma_v$(Elias 등; 한국지반공학회, 1998)

A.1.3.2 추가 수평하중의 고려 방법

미국 FHWA 지침(Elias 등, 2001) 및 토목섬유 설계 및 시공요령(한국지반공학회, 1998)에 따르면, 보강토옹벽 상부에 추가로 작용하는 수평력은 그 아래 보강재층에 그림 A1.4와 같이 분포하는 것으로 가정하여 층별 수평응력 증가분을 계산한다.

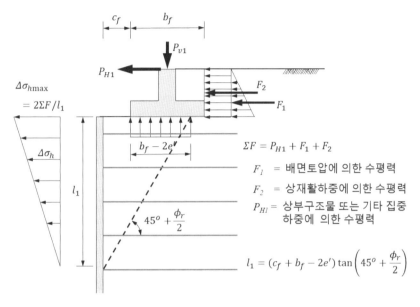

그림 A1.4 추가 수평하중에 의한 토체 내 수평응력 증가분, $\Delta\sigma_h$(Elias 등, 2001; 한국지반공학회, 1998)

A.1.4 보강토옹벽의 설계에 적용 방안

앞에서 설명한 바와 같이 보강토옹벽 상부에 구조물의 설치 등으로 인하여 하중이 추가될 때는 이러한 하중을 적절히 고려하여 설계해야 하지만, 국내에서 보강토옹벽의 설계에 일반적으로 사용하는 상용 프로그램(예, MSEW)에서는 이를 직접적으로 고려할 수 없으므로 적용상 오류를 범하고 있는 것이 사실이다. 가장 대표적인 예로, 보강토옹벽 상부에 방호벽 기초가 설치될 경우, 보강토옹벽 상부에는 차량활하중에 의한 등분포 활하중과 추가성토고(H_s)에 따른 등분포 사하중만을 부과시켜 구조계산하는 경우가 많다. 그러나 상부 구조물에 의해 보강토옹벽에 부과되는 하중은 추가성토고(H_s)에 따른 수직력뿐만 아니라 상부 구조물(L형 옹벽 등) 배면에 작용하는 토압(F_H)과 편심에 따른 추가 수직력(dV)도 있으므로, 이를 고려하여 설계해야 한다.

보강토옹벽 구조계산용 상용프로그램에서 보강토옹벽 상부의 구조물을 직접적으로 고려할 수 없는 경우에는, 상부 구조물에 의해 추가로 작용하는 하중을, 다음과 같이 각각의 하중 종류별로 구분하여 적용할 필요가 있다.

- 추가성토고에 따른 등분포 사하중 : $DL = \gamma H_s$

  $\Rightarrow$ 등분포 사하중으로 입력

- 배면토압을 포함한 추가 수평력　: $F_H = P_H + F_1 + F_2$

  $\Rightarrow$ 수평하중으로 입력

- 편심에 따른 추가 수직력　　　 : $dV = P_v/(b_f - 2e) - DL$

  $\Rightarrow$ 수직 띠하중으로 입력

A.1.5 계산 예

본 계산 예에서는 국내에서 보강토옹벽 설계에 일반적으로 사용되고 있는 상용프로그램인 MSEW을 사용하여 보강토옹벽 상부에 높이 1.5m의 방호벽 기초가 설치되는 경우, 하중 재하 조건별로 층별 보강재의 최대유발인장력($T_{\max}$)을 비교해 보았다.

검토 단면 및 하중분포는 그림 A1.5와 같으며, 하중 재하 조건은 다음 표 A1.1과 같다. 계산된 층별 보강재 최대유발인장력($T_{\max}$)을 조건별로 설치 높이(h_r)에 따라 나타내면 표 A1.2와 같다.

표 A1.1 하중 재하 조건

조건	재하하중	비고
Case I	차량활하중(CL) + 상재성토하중(DL)	
Case II	차량활하중(CL) + 상재성토하중(DL) + 추가 수평하중(FH)	
Case III	차량활하중(CL) + 상재성토하중(DL) + 추가 수직하중(dV)	
Case IV	차량활하중(CL) + 상재성토하중(DL) + 추가 수직하중(dV) + 추가 수평하중(FH)	

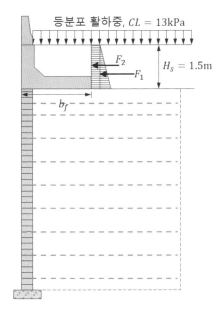

등분포 활하중, $CL = 13\text{kPa}$

F_2
F_1

$H_s = 1.5\text{m}$

b_f

a) 검토 단면

① 등분포 활하중, $CL = 13\text{kPa}$

② 등분포 사하중,
$DL = 1.5 \times 19.0 = 28.5\text{kPa}$

③ 방호벽 기초의 편심에 따른 추가 수직력
$dV = P_v/(b_f - 2e) - DL$

$b_f - 2e$

④ 방호벽 기초 배면토압
$F_H = F_1 + F_2 + P_H$

b) 고려해야 할 하중

그림 A1.5 검토 단면 및 고려해야 할 하중

표 A1.2 검토 조건별 보강재 최대유발인장력 비교

No.	hr(m)	보강재 최대유발인장력, T_{max}			
		Case I : CL + DL	Case II : CL + DL + FH	Case III : CL + DL + dV	Case IV : CL + DL + FH + dV
1	0.40	44.00	44.00	45.00	45.00
2	1.20	39.95	39.95	41.02	41.02
3	2.00	35.89	35.89	37.06	37.06
4	2.80	31.84	32.21	33.11	33.48
5	3.60	27.79	28.98	29.18	30.38
6	4.40	23.73	25.86	25.28	27.41
7	5.20	19.68	22.73	21.42	24.48
8	6.00	12.10	15.00	13.56	16.46
9	6.40	11.24	15.28	13.16	17.20

그림 A1.6에서는 Case I에 대한 각 조건별 최대유발인장력의 증가량($\Delta T_{\max}$)을 보여준다. 이를 좀 더 명확하게 보기 위하여 Case I에 대한 각 조건별 최대유발인장력의 증가량($\Delta T_{\max}$)을 Case I에 대하여 계산된 최대유발인장력에 대한 비율로 표시하면 그림 A1.7에서와 같다.

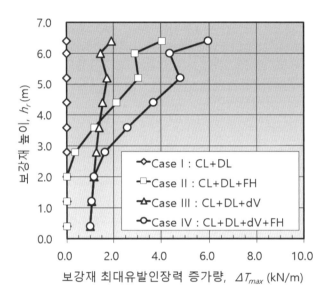

그림 A1.6 보강재 최대유발인장력 증가량($\Delta T_{\max}$) 비교(김경모, 2011)

그림 A1.7에서 볼 수 있는 바와 같이, 일반적으로 실무에서 적용하는 방법과 같이 상재활하중과 상재성토하중만을 고려한 Case I에 비하여, L형 옹벽 배면토압을 추가로 고려한 Case II의 경우에는 최대 36%, L형 옹벽의 편심하중에 의한 수직력 증가분을 추가로 고려한 Case III의 경우에는 최대 17%, 추가 수직력 및 수평력 모두를 추가로 고려한 Case IV의 경우에는 최대 53%까지 보강재 최대유발인장력($T_{\max}$)이 증가할 수 있다.

즉, 일반적으로 설계에 적용하고 있는 바와 같이 차량활하중(CL)과 상재성토하중만(DL)만 고려하여 설계할 때는 보강토옹벽 상부의 보강재층은 굉장히 불안정하게 설계될 수 있다.

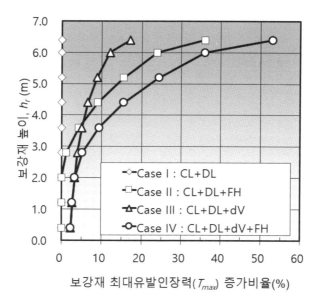

그림 A1.7 보강재 최대유발인장력 증가비율 비교(김경모, 2011)

따라서 보강토옹벽 상부에 방호벽 또는 방음벽 기초와 같은 구조물이 추가로 설치될 때는, 상재성토하중에 의한 등분포사하중(DL)뿐만 아니라, 상부 구조물 배면에 작용하는 토압(F_T)과 편심의 영향에 의해 증가되는 수직하중(dV) 등 보강토옹벽에 추가로 작용하는 하중을 고려하여 설계하여야 한다. 또한 보강토옹벽 위에 방음벽이 설치될 때는 방음벽에 작용하는 풍하중도 함께 고려하여야 한다.

보강토옹벽 위에 차량방호벽이 설치되는 경우 차량충돌하중의 영향에 대해서는 부록 A2에서 설명한다.

방호벽 차량충돌하중에 대한 고려 방법

A.2.1 방호벽 차량충돌하중의 고려 방법

국토해양부(2013)에서 마련한「건설공사 보강토옹벽 설계 시공 및 유지관리 잠정지침」에서는 보강토옹벽 상부에 방호벽이 설치되는 경우 차량충돌하중에 대한 고려 방법을 다음과 같이 제시하고 있다.

> "보강토옹벽 상부에 방호벽이 설치되는 경우에는 차량 충돌 시의 하중을 고려하여, 설계 시 상부 2개열의 보강재에 29kN/m의 수평력을 부가시킨다. 부가된 총 수평력의 2/3(19.3 kN/m)는 최상단 보강재가 부담하고, 나머지 1/3(9.7 kN/m)은 두 번째 단의 보강재가 부담한다. 한편, 차량의 충돌하중은 일시적으로 작용하기 때문에, 토목섬유를 보강재로 사용한 경우에는 충돌하중 고려 시 보강재의 장기설계인장강도 산정에서 크리프 감소계수를 제외한다. 따라서 토목섬유 보강재를 사용한 경우에는, (설계 시 산정된 최상단 및 두 번째 단 보강재의 유발인장력 + 차량 충돌로 인해 부가된 수평력)과 (크리프 감소계수를 제외한 장기설계인장강도)를 비교하여 설계의 적정성을 평가한다."

따라서 방호벽에 의한 차량충돌하중을 고려하는 경우 보강재 파단 및 인발파괴에 대한 안정성은 다음과 같이 검토할 수 있다. 이때 차량충돌하중은 지진하중과 마찬가지로 일시적인 하중이므로 기준안전율은 지진 시의 안전율을 적용한다.

$$FS_{ru,I} = \frac{T_l}{T_{max} + T_I} > \ \geq 0.75FS \tag{A2.1}$$

$$FS_{po,I} = \frac{T_{p,I}}{T_{max} + T_I} \geq 1.1 \tag{A2.2}$$

여기서, $FS_{ru,I}$: 차량충돌하중 작용 시 보강재 파단에 대한 안전율

$FS_{po,I}$: 차량충돌하중 작용 시 보강재 인발에 대한 안전율

T_l : 보강재의 장기설계인장강도(kN/m)

T_{max} : 층별 보강재의 최대유발인장력(kN/m)

T_I : 차량충돌하중에 의해 각 층에 분배된 추가 수평력(kN/m)

$T_{p,I}$: 차량충돌하중 작용 시 보강재 인발저항력(kN/m)

차량충돌하중 작용 시 보강재 인발에 대한 안정성 검토 시, 보강재 인발저항력($T_{p,I}$)은 저항영역 내의 유효길이(L_e)가 아닌 전체 보강재 길이(L_r)에 대하여 계산해야 한다 (Elias 등, 2001). 또한 방호벽이 콘크리트 포장 슬래브와 일체로 시공될 때는 상기 차량 충돌하중에 의해 추가되는 수평력(T_I)을 무시할 수 있다(Elias 등, 2001).

한편, 토목섬유 보강재를 사용하는 경우 "크리프 감소계수를 제외한 장기설계인장강도" 는 해석상의 이견이 존재하여 잘못 적용하고 있는 사례가 많다.

이와 관련하여, 미국 FHWA 지침(Elias 등, 2001)에서는 다음과 같이 규정하고 있다.

> "For geosynthetic reinforcements, the geosynthetic allowable strength used to structurally size the reinforcements to resist the impact load may be increased by eliminating the reduction factor for creep, as was done for internal seismic design in section 4.3d."

따라서 지진하중과 마찬가지로 일시적인 하중인 차량충돌하중 작용 시 토목섬유 보강재

의 파단에 대한 안정성을 검토할 때, 차량충돌하중에 의한 추가 수평력(T_I)에 대해서는 크리프 특성에 대한 감소계수(RF_{CR})를 고려하지 않는다.

따라서 토목섬유 보강재를 사용하는 경우 보강재 파단에 대한 안전율은 다음과 같이 계산할 수 있다.

- 평상시

$$FS_{ru,I} = \frac{T_l}{T_{\max} + T_I/RF_{CR}} \geq 0.75FS \tag{A2.3}$$

- 지진 시

$$FS_{ru\_seis,I} = \frac{T_l}{T_{\max} + (T_{md} + T_I)/RF_{CR}} > 0.75FS \tag{A2.4}$$

여기서, $FS_{ru,I}$: 차량충돌하중 작용 시 보강재 파단에 대한 안전율

$FS_{ru\_seis,I}$: 차량충돌하중 작용 시 보강재 인발에 대한 안전율

T_l : 보강재의 장기설계인장강도(kN/m)

$T_{\max}$: 층별 보강재의 최대유발인장력(kN/m)

T_{md} : 지진 시 각 위치에서의 보강재층에 추가되는 유발인장력(kN/m)

T_I : 차량충돌하중에 의해 각 층에 분배된 추가 수평력(kN/m)

가드레일 등 지주의 수평하중에 대한 고려

국토해양부(2013)에서 마련한 「건설공사 보강토옹벽 설계 시공 및 유지관리 잠정지침」 에서는 보강토옹벽 위에 가드레일 등의 지주가 설치되는 경우의 안정성 검토 방법에 대하여 다음과 같이 제시하고 있다.

"보강토옹벽 상부에 가드레일, 방음벽 등의 지주(flexible post, beam barriers)를 설치할 필요가 있을 경우, 이 지주는 보강토옹벽의 전면에서 1m 이상 떨어진 위치에 설치한다. 또한 가급적 보강재에 손상이 가지 않도록 하여야 하며, 지주 설치로 인해 보강재에 손상이 있을 경우 보강재의 파단안정 검토 시 이를 고려한다. 한편, 설계 시 상부 2개 열의 보강재에는 4.4kN/m의 수평력을 부가시킨다. 부가된 총 수평력의 2/3(2.9kN/m)는 최상단 보강재가 부담하고, 나머지 1/3(1.5kN/m)은 두 번째 단의 보강재가 부담한다. 따라서 (설계 시 산정된 최상단 및 두 번째 단 보강재의 유발인장력 + 부가된 수평력)과 장기설계인장강도를 비교하여 설계의 적정성을 평가한다."

한편, 가드레일에 작용하는 수평력은 차량충돌하중과 마찬가지로 일시적인 하중이기 때문에, 차량충돌하중 작용 시와 동일한 방법으로 파단 및 인발파괴에 대한 안정성을 검토한다.

부록 참고문헌

1. 국토해양부 (2013), 건설공사 보강토 옹벽 설계 시공 및 유지관리 잠정지침.
2. 김경모 (2011), "상부 L형 옹벽(방호벽/방음벽 기초)의 영향을 고려한 보강토 옹벽의 설계", 한국토목섬유학회지, 제10권 제4호, 2011년 7월, (사)한국토목섬유학회, pp.32~39.
3. (사)한국지반공학회 (1998), 토목섬유 설계 및 시공요령.
4. Elias, V., Christopher, B. R. and Berg, R. R. (2001), Mechanically Stabilized Earth Walls and Reinforced Soil Slopes, Design and Construction Guidelines, U.S. Department of Transportation, Federal Highway Administration, Washington DC, FHWA-NHI-00-043.

참여진

■ 집필위원

대표저자	김경모 소장 / 이에스컨설팅
위 원 장	유승경 교수 / 명지전문대학, 제12대 (사)한국지반신소재학회 회장
위　　원	김낙영 선임연구위원 / 한국도로공사
	김영석 선임연구위원 / 한국건설기술연구원
	도종남 수석연구원 / 한국도로공사
	이광우 연구위원 / 한국건설기술연구원
	이용수 선임연구위원 / 한국건설기술연구원
	조인휘 상무 / 아이디어스
	홍기권 교수 / 한라대학교

■ 감수위원

조삼덕 박사 / (전)한국건설기술연구원
유충식 교수 / 성균관대학교
한중근 교수 / 중앙대학교

■ 자문위원

채영수 명예교수 / 수원대학교	신은철 명예교수 / 인천대학교
전한용 명예교수 / 인하대학교	김유성 명예교수 / 전북대학교
이강일 교수 / 대진대학교	김영윤 대표이사 / 보강기술(주)
주재우 명예교수 / 순천대학교	김정호 대표이사 / (주)다산컨설턴트
장연수 명예교수 / 동국대학교	이은수 박사 / (전)한양대학교
이재영 교수 / 서울시립대학교	조관영 대표이사 / (주)대한아이엠

국가건설기준
KDS 11 80 10 : 2021

보강토옹벽
해설

초 판 인 쇄 2024년 01월 11일
초 판 발 행 2024년 01월 18일

저　　　자 (사)한국지반신소재학회
펴 낸 이 (사)한국지반신소재학회 회장 유승경
펴 낸 곳 도서출판 씨아이알

책 임 편 집 최장미
디 자 인 안예슬, 엄해정
제 작 책 임 김문갑

등 록 번 호 제2-3285호
등 록 일 2001년 3월 19일
주　　　소 (04626) 서울특별시 중구 필동로8길 43(예장동 1-151)
전 화 번 호 02-2275-8603(대표)
팩 스 번 호 02-2275-8604
홈 페 이 지 www.circom.co.kr

I S B N 979-11-6856-199-1　93530
정　　　가 30,000원